U0156085

国家社科基金
GUOJIA SHEKE JIJIN HOUQI ZIZHU XIANGMU
后期资助项目

儿童产品交互设计研究

Research on Interaction Design of Children's Products

鲁艺 等 著

文化艺术出版社
Culture and Art Publishing House

图书在版编目（CIP）数据

儿童产品交互设计研究 / 鲁艺，邹锋，梁韵著.—
北京：文化艺术出版社，2023.3
ISBN 978-7-5039-7388-8

Ⅰ.①儿…　Ⅱ.①鲁…②邹…③梁…　Ⅲ.①儿童—
产品设计—研究　Ⅳ.①TB472

中国国家版本馆CIP数据核字（2023）第016000号

儿童产品交互设计研究

著　者　鲁 艺 邹 锋 梁 韵
责任编辑　刘锐桢
责任校对　董　斌
书籍设计　马夕雯
出版发行　文化艺术出版社
地　　址　北京市东城区东四八条52号（100700）
网　　址　www.caaph.com
电子邮箱　s@caaph.com
电　　话　（010）84057666（总编室）　84057667（办公室）
　　　　　　　　　　84057696—84057699（发行部）
传　　真　（010）84057660（总编室）　84057670（办公室）
　　　　　　　　84057690（发行部）
经　　销　新华书店
印　　刷　国英印务有限公司
版　　次　2023年4月第1版
印　　次　2023年4月第1次印刷
开　　本　710毫米×1000毫米　1/16
印　　张　11.25
字　　数　180千字
书　　号　ISBN 978-7-5039-7388-8
定　　价　48.00元

国家社科基金后期资助项目
出版说明

　　后期资助项目是国家社科基金设立的一类重要项目，旨在鼓励广大社科研究者潜心治学，支持基础研究，多出优秀成果。它是经过严格评审，从接近完成的科研成果中遴选立项的。为扩大后期资助项目的影响，更好地推动学术发展，促进成果转化，全国哲学社会科学工作办公室按照"统一设计、统一标识、统一版式、形成系列"的总体要求，组织出版国家社科基金后期资助项目成果。

全国哲学社会科学工作办公室

前　言

　　面向儿童的实体交互是新一代人机交互的前沿领域，儿童产品是实体交互系统中庞大而特殊的研究领域。现代儿童作为信息社会的"原住民"，从出生就浸润在信息化、智能化的数字世界中。目前，实体交互的研究领域主要关注于如何设计出符合儿童认知模式的、具有较高可用性、寓教于乐的智能交互产品。本书从研究儿童用户的生理、心理、认知因素及游戏行为特征出发，旨在探讨基于实体交互的儿童产品设计方法，提出基于实体交互的儿童产品设计理论模型，并将理论应用于教学实践中进一步验证方法的可行性。

　　本书以3—7岁的学龄前儿童为例，采用文献查阅法、案例分析法、多学科交叉研究法、理论验证法等，从实体交互理论内涵出发，引入儿童认知心理学、儿童教育学、儿童产品创新设计方法论等。基于这样的研究思路，首先从研究不同年龄段儿童的生理、心理、游戏行为、情感等不同需求层次出发，利用定性与定量的方法采集与分析大量用户数据，构建用户角色模型；其次通过分析现有的适用于实体用户界面的交互模型，结合儿童产品设计中的交互设计原则，笔者提出了基于实体交互的儿童产品设计模型及产品设计流程；最后将设计模型引入教学实践中，通过大量的设计方案及可用性评估，总结出面向未来的儿童产品智能化设计构想及理论依据。

　　综上所述，本书通过儿童大数据采集研究工作，构建了国内儿童发展研究数据平台——Kidsplay。该数据研究平台从身体发展、心理发展、认知发展、游戏发展等方面全方位采集与分析了中国儿童的特征数据，为传统儿童服务产业传递大数据的价值，同时从用户、交互、产品三个维度构建了基于实体交互的儿童产品设计模型，并进一步将理论模型转化为基于实体交互的儿童智能产品。智能产品的软、硬件平台符合寓教于乐的需求，也进一步验证了理论交互模型在儿童产品设计中的可行性。

　　在此对整个课题期间给予过帮助的老师和同学，以及北京市花园路红黄蓝幼儿园的师生致以诚挚的谢意。

目　录

第1章　儿童产品交互设计概述

1.1　儿童产品交互设计研究背景

21世纪的儿童从出生便进入人工智能时代，随着智能产品的日趋低龄化，儿童成为信息社会的"原住民"，儿童产品的交互式体验设计则越来越重要。此外，伴随着我国二胎政策的实施，新一轮婴儿潮的来临，父母对儿童早期教育越来越重视，例如儿童教育理论蒙特梭利、多元智能、华德福、瑞吉欧等普遍应用于国内幼儿教育领域，人工智能、VR/AR[①]等新技术在儿童服务产业找到应用的场景并迅速得以落地推广，个性化教育、STEAM[②]的新需求已经催生了新的儿童娱乐教育类产品。

儿童是一个庞大且特殊的群体，针对这一群体的产品开发尤其是搭载智能系统的智能玩具已经受到了市场的充分关注和重视。本书围绕实体交互、儿童心理认知、儿童产品设计等关键词的思考，主要提出如下研究问题：①如何理解目标用户，做到"为儿童而设计"；②如何弱化儿童交互认知壁垒，提供自然交互方式，降低儿童学习成本；③如何通过设计方案提升儿童的游戏学习兴趣，达到寓教于乐的效果。这些问题的提出是基于实体交互的儿童产品设计的主要研究方向，也是对基于实体产品交互设计方法论的整体思考，所面临的问题既是机遇又是挑战。

首先，新技术给儿童服务产业带来新生态链。儿童产品第一要素为吸引小朋友产生共鸣，新奇酷炫的人工智能交互技术、生动有趣的教育内容、创新开阔的思维方式给儿童服务产业带来了新的机会与产业生态

---

① VR为虚拟现实技术，是一种可以创建和体验虚拟世界的计算机仿真系统，它利用计算机生成一种模拟环境，是一种多源信息融合的、交互式的三维动态视景和实体行为的系统仿真，可以使用户沉浸到该环境中。AR为增强现实技术，是一种实时地计算摄影机影像的位置及角度并加上相应图像、视频、3D模型的技术，这种技术的目标是在屏幕上把虚拟世界套在现实世界并进行互动。

② STEAM是Science（科学）、Technology（技术）、Engineering（工程）、Arts（艺术）、Mathematics（数学）的简称。

链。例如，图像识别交互技术的出现，赋予传统七巧板、魔方等玩教具新的玩法；语音识别的智能声控陪伴式玩偶，如著名的"Hello Barbie"可以与小朋友互动对话，打破了传统的玩偶模式；VR/AR 技术应用于儿童娱乐教育领域，带领小朋友体验沉浸式的游戏内容。这些利用新技术的智能产品激发了儿童的兴趣和好奇心，形成了完整的商业链模式。

其次，教育的新需求需要我们提供针对性解决方案和创新产品。教育个性化定制是信息社会高速发展的新趋势。美国新媒体联盟地平线项目每年都会发布《地平线报告》，2015 年报告指出了基础教育领域技术应用的六大趋势，其中 STEAM 教育的兴起代表了未来教育重点的发展方向。例如，美国 Altschool[①] 推行以学生为中心的教育模式，通过学校互联网平台进行个性化教学评估及"家校互动"，实施因材施教的教育模式。（图 1-1）创新教育行业的崛起，说明了人们拥抱科学技术的态度，许多教育者和父母都希望早日将这些模式引入儿童教育产业中，国内外知名开源硬件公司都开展了儿童教育产业方面的业务。儿童服务产业的范畴较广，产品除了衣、食、住、行等生活必需品以外，娱乐教育类玩具是儿童产品中最具代表性的一类。玩具作为一种模拟物和象征物，最初并不是人们为了游戏和娱乐的目的而制造出来的。20 世纪初，麦卡诺（Meccano）[②] 为代表的建筑类游戏开始出现，玩具的发明者开始宣称玩具应该"向儿童展示未来的职业"，比如鼓励男孩成为工人和建设者，同时新材料和工艺也被广泛运用在玩具制作中。1932 年，乐高（LEGO）[③] 积木问世，这是为儿童设计的穴柱连接积木，塑料的广泛使用改变了此前搭建类积木用木头制作的状况，乐高积木颜色鲜艳、咬合紧密，受到儿童的喜爱。"二战"后，玩具的销售大幅增长，新材料和新技术更多被运用到玩具行业，玩具变得更廉价，也有了更多品类。1977 年，"星球大战"系列玩具风靡，从卢卡斯的《星球大战》系列影片开始，玩具厂商发现拿到电影人物授权并且同期发布新玩偶，是更有利润的做法。

---

① 学校由谷歌高管创办，第一所学校建在帕洛阿托，现在旧金山、纽约、芝加哥等地都有分校区，学费比较高，设置幼儿园到八年级的课程。

② 麦卡诺创建于 1898 年。在利物浦的一个小车间里，弗兰克·霍恩比（Frank Hornby）为他的孩子们发明了第一件以螺栓、螺母拼接的金属插件玩具，如今，这种玩具已经以麦卡诺为品牌而畅销于全世界。

③ 乐高公司于 1932 年创办于丹麦，商标"LEGO"来自丹麦语"LEg GOdt"，意为玩得快乐。

图 1-1　Altschool 推行的因材施教教学模式

1980 年，Pong[①] 电子游戏开始流行。1984 年，《宇宙的巨人希曼》动画片发行，这是美泰玩具公司为了推销希曼玩偶而做的动画片，动画片事实上成了广告，此后一系列被称为"节目式广告"的动画片出现了。2010年，iPad 上市，iPad 和智能设备开始成为儿童非常喜欢的游戏媒介。同年，创客运动在美国流行，越来越多的美国教育者和家庭认为动手学习的方式以及培养孩子对科技工程的兴趣非常重要。

实体交互是新一代人机交互的前沿领域，交互式儿童产品设计关注符合儿童认知模式的、具有较高可用性的娱教产品，其中增加儿童的游戏乐趣和学习兴趣是有待解决的主要问题。本书的研究意义主要分为以下两点。

1. 理论意义

面向儿童的实体交互产品作为新兴研究领域需要新的设计理论支撑。将实体交互行为方式研究延伸到儿童产品设计领域，充分理解儿童的有限认知水平，引导儿童无障碍地完成交互过程，从而尽可能降低儿童学习认知的负荷，提升游戏娱乐性和教育性。实体交互是未来儿童人机交互技术的基础，实物操作界面、语音识别、手势交互、各种感应器等技术的融合，不再受到单通道交互方式的限制。本书通过探讨交互系统模

---

① Pong 为世界上第一款家用电子游戏，这款风靡全球的电子游戏，源于一位 25 岁青年白手创业的雅达利公司（ATARI）。游戏制作非常的简陋，只是让人们通过两个控制器上下移动二维图形中的模拟乒乓球板来打乒乓球。

型及儿童产品交互设计原则，为设计人员在进行儿童产品设计时提供指导方针，从而帮助儿童以更人性化的方式与产品进行互动。

2.实践意义

对儿童游戏中的认知心理及情感等进行实验研究，并提供多种儿童产品创新设计解决方案。当前很多儿童产业机构和儿童产品市场盲目追求科技热潮，开发出不符合儿童生理、心理需求的产品，其中某些交互技术对低龄儿童并不适用，儿童难以掌握。因此，在设计面向儿童的实体交互产品时，如何解决技术障碍使交互方式更加简单、更易掌握、更能激发儿童的游戏兴趣，是有待解决的难题。优秀的儿童产品设计不需要太多说明指导就能吸引儿童快速掌握交互方式与功能，激发儿童的学习兴趣与探索本能。本书通过儿童认知学、心理学、行为观察法及实验法等多维度用户研究来总结儿童的全方面特征，对儿童的认知模式和用户模型进行重构，并通过实践创新设计的儿童交互式产品进一步验证设计模型的可行性。

1.2 国内外相关研究案例

国外基于实体交互的儿童产品设计研究积累的作品案例较多。例如，美国麻省理工学院媒体实验室（The MIT Media Lab）开发的一套名为 Topobo[①] 的智能积木，用户可以将积木自由组装成各式各样的造型，还可以控制积木如何行动。Topobo 积木主要由静态积木和动态积木两部分组成，其中动态积木内嵌有运动传感器，只要将动态积木组装在物体活动的关节处，系统就会自动记录设定的动作，如旋转、摆动等。当用户把积木形态拼接好后，系统会自动按照设定的动作运动。因此，一只会走的机器狗、一只触角摆动的昆虫、一条身躯扭动的蚯蚓就形成了。Augmented Knight's Castle 是一个基于实体用户界面的混合现实互动平台。城堡设计为一座中世纪的古堡，场景设计的道具包括装置射频识别（RFID，Radio Frequency Identification）[②] 的城堡、景观植物、士兵和国王等，每个道具都可以被精确定位识别。根据 RFID 的信号，当内置传感器的士兵经过装有 RFID 的城堡门口时，互动平台会发出军队号角

① 一种积木玩具，可自动运动。它拥有运动记忆功能，被拼凑出来的小怪物能够记住"摆弄"其关节运动的规律，在通电之后能够继续按照事先"摆弄"的方式运动。

② RFID 又称无线射频识别，是一种通信技术，可通过无线电讯号识别特定目标并读写相关数据，而无须识别系统与特定目标之间建立机械或光学接触。

的声音；而当国王进入城门时，互动平台就会发出欢迎国王的礼炮声。2018 年，日本任天堂游戏公司公布了 Nintendo Labo 游戏。它是 Switch 游戏主机的全新交互式体验，儿童可通过现在的手工配件搭建出各种各样的 Switch 配件，将 Switch 设备插到搭建好的不同形状卡牌纸盒中，这样Switch 被赋予新模式和新的形态，儿童可通过全新的游戏主机体验钢琴、钓竿、赛车、机器人等。儿童可根据游戏内的安装提示自行装配，并自行设计外观。

国内这方面研究多集中在计算机科学技术领域。例如，浙江大学在2009 年全国大学生创新实验计划中展示的"小鸡快跑"。产品整合了硬件信息技术与体感交互设计，通过穿戴式的加速传感器以肢体交互的方式控制小鸡运动速度，儿童模仿小鸡的走路姿势——挥动手臂来控制小鸡的运动，挥臂挥得越快，小鸡跑步的速度也越快。体感交互运动锻炼了儿童肢体协调能力，也允许多个小朋友同时互动竞赛，增加了游戏趣味性，加强了小朋友之间的互动交流。国内专注儿童科技的葡萄科技公司推出了"淘淘向右走"。古老的七巧板邂逅 iPad，精彩的探险故事让儿童在经历冒险中闯关；丰富的七巧板图形册让孩子畅游 8 大类 700 种七巧板图形。通过高科技图像识别系统，虚拟呈现实物操作，小朋友线下完成七巧板拼图，和线上精灵伙伴淘淘进行冒险之旅。在解决一个个困难的过程中，坚韧不拔的品质深植孩子心中，专注力、创造力、空间智能也将得到大大的提升。

1.3 研究内容及研究方法

1.3.1 研究内容

1. 对实体用户界面的学术文献进行梳理研究

实体用户界面是实体交互设计的结果反馈，本书研究儿童与实体交互系统交流间的交互模型，同时设计符合事物情境的交互方式，来满足儿童使用实体交互系统的需求。实体用户界面的相关研究涉及众多学科，但少有立足设计学的全面分析。因此，本书将对实体用户界面设计的基础理论及其案例做全面的研究分析工作。

2. 分析儿童的生理和心理认知特征，研究适合儿童的人机交互方式

本书引入儿童心理学、教育学、认知学科等专业理论与研究方法，了解儿童的生理发展、认知喜好、游戏行为、情感特征等，通过实验观

察法、深度访谈法、问卷分析法等采集儿童的生理、心理、认知、游戏特征数据，并用采集的数据构建儿童发展研究数据平台，分析交互行为在儿童自然人机交互中的可行性。

3. 提出适用于儿童产品的交互系统模型和交互设计原则

基于前面的相关学科理论基础研究和儿童用户研究，构建基于儿童产品的交互系统模型。该模型是从目标用户与设计人员的角度对整个儿童产品系统的交互设计方法和流程进行提炼描述，交互系统模型为儿童产品设计的研究提供了理论框架。

4. 设计实践儿童产品并进行可用性评估

本书按照前文的儿童产品交互系统模型及设计原则，指导学生设计实践面向儿童的交互产品。首先逐一分析智能产品的软、硬件设计，包括硬件的造型、交互行为、交互场景叙述及软件的界面设计等；其次对设计实践的方案进行可用性测试评估，通过反馈数据为交互系统模型及产品设计方案提供迭代设计支持。

1.3.2 研究方法

本书研究方法包括：①文献分析法，广泛查阅国内外儿童交互产品与人工智能技术领域的设计研究成果，提出研究问题并寻求理论依据；②实证分析法，采用深度访谈、田野调查、案例分析方法对儿童行为特征及需求、交互过程等方面进行资料收集与分析，推导交互产品系统模型；③实验法，在试点学校邀请被试儿童参与实验，采集儿童交互行为、表情等认知数据，建立儿童发展研究数据库；④统计学分析，应用单因素方差分析、T检验、因子分析等提炼实验数据，分析儿童认知的特征规律；⑤实践研究法，将理论研究成果应用于儿童交互产品设计，并在实际教学中检验其可行性。

第2章 儿童产品交互设计理论

本章重点阐述实体用户界面的理论基础、儿童发展理论（以学龄前儿童为例）、儿童产品发展理论等相关内容，并在文献研究基础上详细梳理及分析相关的理论发展脉络，为后面基于实体交互的儿童产品设计实践奠定了扎实的理论基础。本章首先归纳出普适计算、可抓取用户界面、实体比特、物质化用户界面等实体用户界面的发展脉络。其次，基于对自然行为的实体用户界面分析，提出了低维度实体交互和多维度实体交互的概念，进一步阐述实体用户界面的原理。再次，基于实体用户界面特征，结合相关设计案例分析，归纳出儿童产品设计的四大要素；围绕儿童的生理发育、心理发展、认知发展、游戏发展等特征分析，总结了以 4—6 岁学龄前儿童为例的用户生理、心理、游戏行为的特质。最后，笔者通过对儿童产品设计的基础理论梳理，包括对儿童产品基本特性分析、设计显在性研究因素、文化传承功能的研究，进一步理解了儿童产品设计的内涵。

2.1 实体用户界面的理论基础

交互的本质是人类生存和发展的需要，是人类适应自然和生产活动所必需的能力。本书中所讨论的"交互"特指"人机交互"（human computer interaction）[①]，当系统将信息传送给用户或用户将信息传送给系统时，交互便发生了。人机交互的先驱维普兰克（Verplank）于 2006 年强调以用户为中心，将交互需要考虑的问题分为感知（feel）、认知（know）、操作（do）三个方面，即轻松操控一个物件对象，可以完成如

---

① 人机交互简称 HCI 或 HMI，是一门研究系统与用户之间的交互关系的学问。系统可以是各种各样的机器，也可以是计算机化的系统和软件。人机交互界面通常是指用户可见的部分。用户通过人机交互界面与系统交流，并进行操作。小如收音机的播放按键，大至飞机上的仪表板，或是发电厂的控制室。人机交互界面的设计要包含用户对系统的理解（即心智模型），那是为了系统的可用性或者用户友好性。

开关切换、控制无人驾驶飞机的工作。奥沙利文（O'Sullivan）和艾戈（Igoe）于 2004 年在他们所提出的物理计算框架中，将人作为现实世界的一部分与计算机互动，物理计算思想更强调计算机作为交互主导方，去感知、认知和改变外部世界，具有探索性与非线性叙事特征。比如，一部电影多数仅有一个结局，而新媒体信息架构以及叙事方式不只一条线，观众允许选择观看不同故事发展线，而且由于采用了 360 度全角加上全景深拍摄，观众的视角也是可以随心随欲地改变，可以进入电影里面，像游戏玩家去操控叙事流程与方向。威诺格拉德（Winograd）于 2006 年总结了人类与外界交互三个模式，在虚拟的世界中同样适用：操控（manipulation）、浏览（locomotion）、对话（conversation）。唐纳德·诺曼（Donald Arthur Norman）在 2007 年提到未来的趋势——人机合体，这种模式追求人和机器之间的无障碍沟通，实现人机协作的高度默契。

2.1.1 实体用户界面的原理

实体交互是一种以物理实体为载体，将数字信息呈现在物理实体上，并通过互动式操作来完成的数字内容交流过程。麻省理工学院的石井裕（Hiroshi Lshii）教授将实体交互定义为一个具象实体与抽象信息互动交流的过程，主要包括容器（container）与标志（token）两部分，分别代表数字信息处理的界面和对应的硬件装置。实体交互技术的主要形式是将传感器或微处理芯片等嵌入实体装置中，使物理实体可以"感知到"环境信息并进行数据处理，同时将软、硬件属性特征设计成与交互数据符合的形式。研究者认为面向儿童的实体交互产品设计应该重点关注儿童与数字信息及有形界面的触控方式，尽可能设计直观简单的交互行为，满足儿童交互体验的直观性和易用性。例如，麻省理工学院的尼古拉斯·尼葛洛庞帝（Nicholas Negroponte）[①] 教授在著作《数字化生存》中提出"计算不再是仅和计算机有关，而是将决定我们的生活体验"，设计人员将各种微处理器嵌入儿童产品或其他智能设备（手表、眼镜、汽车、家电）中，从儿童的认知行为出发，为用户打造一种新的使用体验和生活方式。

---

① 尼古拉斯·尼葛洛庞帝出生于 1943 年，是一位美国计算机科学家。他最为人所熟知的身份是麻省理工学院媒体实验室的创办人兼执行总监。尼葛洛庞帝也是美国麻省理工学院教授、《连线》杂志的专栏作家，因为长期以来一直在倡导利用数字化技术促进社会生活的转型，被西方媒体推崇为电脑和传播科技领域极具影响力的大师之一。

1. 实体用户界面的提出

实体用户界面（tangible user interface，TUI）是用户通过对物理实体对象的整体互动式操作，完成与物理实体对象直接相连数字系统表现内容交流过程，并通过反馈式动作进行即时响应的信息载体。实体用户界面既包括承载信息界面载体，也包括整体互动式交流信息交互过程。实体用户界面最初目标是尽可能把自然交互行为应用到智能产品设计中，减少用户的计算机技术认知负担，增强使用的流畅性。实体用户界面的提出大大提升了计算机的使用效率，是现代计算机的基础构成范式。目前，人机交互领域的计算机系统与具有物理形式产品的互动模式，在人们的日常生活中日趋成熟。下面将梳理实体用户界面的发展脉络，进一步详细分析实体交互设计。

（1）普适计算

普适计算（ubiquitous computing）是实体用户界面的最初理念来源。普适计算是对传统的突破，它期望有一天计算与通信技术会融入世界的结构之中，例如普适计算可以嵌入我们穿的织物中，可以是建筑物的结构，或是我们所携带或穿戴的任何物品。目前，普适计算的应用与技术研究已经深入了各个行业领域，用户被无处不在的普适技术包围着。普适计算的一种愿景是环境智能（ambient intelligence，AMI）[①]，由加州大学伯克利分校的霍夫曼（Hoffman）在2003年研发的"智慧尘埃"就是这类项目，它已经能够生产尺寸在3毫米之内包含所有的电子器件于一体的微型单芯片，这种类型的微型设备已获得更高的鲁棒性和功能性，应用在无线传感器节点和工业应用上。在MIT实验室，响应式环境研究团队关注于从功能角度探索未来的环境，他们的普适化传感器接口项目由大量遍布媒体实验室物理空间中的传感器阵列构成。这使得媒体实验室和一个虚拟世界中的虚拟实验空间（第二人生）建立了实时联系，人们在第二人生中的代表可以看到媒体实验室现实生活的实时影像，并可以超越两种现实的边界交流。另一个无线传感器网络的例子是由MIT实验室研发的Siftables项目，由小积木构成的无线传感器网络通过电磁感应从外部获取能量，当两个积木以十分接近的距离划过时，设备就获得足够的能量来传输它独有的ID和传感器读数。普适计算的应用带来了大量

---

① 环境智能的概念由欧洲研究团体ISTAG（Information Society Technology Advisory Group）在1999年提出，其基本目标是在智能终端设备与环境之间建立一种共生关系，通过对环境的感知构建一个统一平台，提供各种设备间的无缝连接，从而形成一个相互协作的工作关系，使得人机和环境协调统一。

数字内容的输出，信息载体变得多元化、分散化、智能化，在物理体量形式方面做到更小、更轻、更便于携带。在未来人类日常生活以及公共空间设施、居住社区、学校等环境，可以充分利用这一技术设计新型的交互式系统。

（2）可抓取用户界面

可抓取用户界面（graspable user interfaces，GUI）是实体用户界面的前身，可抓取用户界面相对于普适计算概念的发展越发狭隘一些。可抓取用户界面允许用户在物理人工造物上直接操控电子化或虚拟化的对象，这些物理人工造物是一种新的输入设备，界面混合了虚拟和物理的形式。可抓取用户界面关注双手进行输入操作，期望提供一种物理与虚拟世界的无间隙界面交互。（图 2-1）

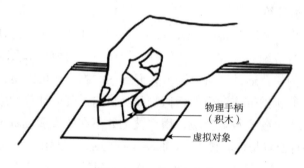

物理手柄
（积木）

虚拟对象

图 2-1　可抓握对象

可抓取用户界面同时提供混合空间的输入和输出。一般说来，可抓取用户界面尝试包含空间和时间的两种复合交互特性，界面的交互特性有如下几个优点：①鼓励双手操控交互；②特殊化上下文感知的输入设备；③允许用户有更多的平行输入规范，从而提高计算机的表达能力和沟通能力；④利用用户熟练的日常行为作为物理对象的操控方式；⑤体现传统的计算机内部表示；⑥使用物理人造物促进界面元素更直观、更好地操控交互；⑦利用用户敏锐的空间推理能力；⑧空间多样性，每一种操作行为映射一种独立的操作设备；⑨协同性，提供多路设备同时被多用户控制。例如，麻省理工学院的乔治·菲兹莫里斯（George Fitzmurice）、石井裕教授等人在国际多媒体会议中提出了 LEGO Bricks 系统。这是一套基于概念化的可抓取的界面交互系统，通过物理形态"砖块"和虚拟物体紧密连接并同步操控，"砖块"数目不限并且可以在巨大的水平放置显示桌面上同时进行协同操控，基于用户执行任务时所表现的行为特征，要求用户使用手指灵活地进行对象操控。实体用户界面借鉴了这个系统的思想，所以可抓取用户界面是实体用户界面发展的前身，是图形用户界面向实体用户界面扩展的重要方式。

（3）实体比特

1997 年，美国麻省理工学院媒体实验室在 1997 年人机交互国际会议（CHI）中首次提出"实体比特"（tangible bits）[①] 的概念。实体比特界面信息通过视觉化的语言，呈现在媒体前台的交互行为，并且能够通过感知后台环境中的光、声音、气流、水流等情况，让用户感知到周围环境的比特信息。其中元台（metaDESK）、变化板（transBOARD）系统原型探索用户通过物理实体操控比特信息的前台，环境室（ambientROOM）系统原型聚焦人类感知环境媒体的后台。（图 2-2）元台系统设计尝试把图形用户界面融入真实的世界，物理化地体现了很多普及的隐喻装置（窗口、图标、按钮等），同时研究者尝试将图形用户界面的元素通过物理化实体交互的语言表达呈现。例如，"LENS"是一种臂式平板显示器行为，允许三维数字化窗口信息结合物理对象的形式触觉交互。（图 2-3）

"实体比特"的概念将图形界面的元素带入了真实的物理世界中，开发出区别于图形用户界面的实体用户界面原型，但并没有摆脱传统的图形用户界面的束缚。这种媒介理论奠定了实体用户界面设计进化的基础，为以后的实体用户界面研究创建了良好的学术空间。几年后，石井裕教授等人创建了一个基于实体交互的概念模型，并正式把实体用户界面的概念推广到学术领域中。

（4）物质化用户界面

物质化用户界面（material user interface，MUI）是指，用户界面可变为基于环境信息感知所实时生成的各种智能材料，数字信息可以物质的形式呈现，同时与用户直接互动。随着人机交互技术发展，硬件产品同质化使用方式与用户需求个性化要求不一致，用户需要通过"认知能力"（即学习、阅读、理解的能力）来使用产品，使各种产品的用户体验缺乏舒适性与趣味性，"物质化"的无障碍体验满足感太低，交互方式单调且相似。因此，许多人机交互的专家正在致力于结合工程、艺术、材料等学科对实体交互产品新材料进行探讨，从新型可变形自适应变化组装材

---

① 实体比特是石井裕提出的构想，旨在通过赋予数字信息以物理形式，直接感知和操纵数字比特，将整个世界变成一个界面，数据与物理现实的人造物和建筑表面相连接，因此虚拟的数字世界可以和现实的物理世界相融合，从而实现比特的可触性。

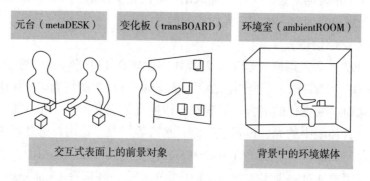

图 2-2　实体比特的三种原型

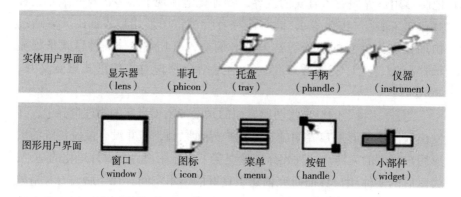

图 2-3　GUI 元素在 TUI 物理化使用

料，到数字信息的映射方式等都做了深入的研究实验。

　　美国麻省理工学院媒体实验室触摸媒体小组在 2012 年提出了"基于原子界面"的概念，可以解决实时改变物理目标的形状受限制的问题，体现了"未来的互动视界"。2013 年，触摸项目组发布的一款变形表面——inFORM，突破传统的计算机图形界面交互方式，带给用户一种有趣的实体交互方式与数字信息互动。用户通过屏幕手势操控移动真实世界的物体。交互技术原理是在摄像头传感器下面挥手或移动物体，硬件中的小型可移动条状物会记录这些动作，同时在构成的 inFORM 桌面网络系统中，根据硬件传输的数据来实现交互操控。

　　物质和触感是人最基本的感官需求。石井裕提到，当人类处于一个被平板显示器逐渐包围的世界中时，实体触摸交互正在试图让人类的未来不要被玻璃屏幕完全掩盖。新型的实体用户界面依托物质实体，强调以用户体验为中心的设计方法，利用信息通信技术、智能交互技术、新材料技术等使物质化界面实体产品更加智能化、人性化。

2. 基于自然的实体交互

人与自然世界之间的交互及人与机器之间的交互是被区别看待的，但在电子消费产品已经深入人们日常生活的今天，很多人与机器的实体交互已经成为人类自然行为的一部分。例如，现在学龄前儿童很早就开始接触电子产品，与这些产品的实体交互甚至已经成为儿童探索与认知世界的一部分。作者认为与人造物的实体交互正在融入人类的自然行为习惯中，并逐渐成为人类行为习惯的一部分。可触式交互在很多场合已经成为最"自然"的指点设备，比眼动跟踪更精确，比鼠标点击更直接。

（1）低维度实体交互

低维度实体交互是指在物理实体对象上加载带有识别信号的视觉、听觉、触觉、味觉等特征码，实现用户与数字信息之间的交互。

现有的大多数实体用户界面主要是通过图像识别技术①、虚拟现实技术、远程传输技术等，通过直接识别物理实体对象的信息，将实体物理表征和对应的数字信息内容直观联系起来。低维度的实体交互形式多数比较单一，以触觉交互为主要信息传递媒介。例如，早期触控式面板触觉引擎（touch engine）可以让用户在触摸控制面板时还能拥有振动的真实按压感受，振动的强弱也随着系统的状态不同而感受不同；索尼公司推出的"微笑快门"相机，镜头可以用来检测人物的面部表情信息，当识别出人物笑脸表情时就会自动按下快门。

（2）多维度实体交互

多维度实体交互是指通过增加对信息输入和输出的多通道方式，感知识别信息的多种方式增强。

人类可以直接利用物理实体作为多感官的传感器，与数字信息进行互动连接，让智能化、人性化的智能实体对象与用户协同交互。2016年3月，索尼启动了新的研发项目"未来实验室"（future lab），推出了神秘的两个产品。一是可穿戴设备——智能项圈，它让用户能够自在听音乐并且接收信息，同时又减少将耳机放入耳朵的麻烦。戴上这款项圈之后，

---

① 图像识别技术是以图像的主要特征为基础的。每个图像都有它的特征，如字母 A 有个尖，P 有个圈，而 Y 的中心有个锐角等。对图像识别时眼动的研究表明，视线总是集中在图像的主要特征上，也就是集中在图像轮廓曲度最大或轮廓方向突然改变的地方，这些地方的信息量最大。眼睛的扫描路线总是依次从一个特征转到另一个特征上。由此可见，在图像识别过程中，知觉机制必须排除输入的多余信息，抽出关键的信息。同时，在大脑里必定有一个负责整合信息的机制，它能把分阶段获得的信息整理成一个完整的知觉映象。

只需要进行语音指令，它就能实现拍照、播放音乐等功能服务，并且借助于动作传感器和全球定位系统（GPS）功能进行情景的智能选择。比如，当人们要从家出门的时候，它会自动提醒外面的天气情况；当下班经过菜市场时，它还能提醒人们该买菜了，并且给你播报设定好的买菜清单。二是可交互投影仪，用户可以直观地通过手势与虚拟场景进行互动，让物体展示更具有交互性。投影仪采用了独特的影像识别技术和深度传感器，结合机器学习（machine learning，ML）①，能够辨认并追踪人的各种手势（包括旋转、倾斜角度、移动等动作），并做出对应的反应。投影仪能够对 3D 空间进行识别，借助画面投射及扬声器进行互动，人们能够看到童话书中的小人动起来。它也能对桌面的物体进行清楚的扫描，能够立即计算出一些被扫描物体的数据，比如桌面放着一个茶杯和一本书，它能够立即计算出它们的尺寸，并且在桌面上投影出来，让人毫无察觉地展示出来。

2.1.2 实体用户界面的特征

实体交互设计是一种新型的交互方式，提供了不同于图形用户界面的交互设计理论和方法。其设计重点关注的是物理实体或者物理环境之中，用户通过物质性的界面与信息进行交流互动的场景。随着信息技术的发展，实体交互设计的方式也变得更加多元化、自然化，鼓励人类进一步思考如何将有形的交互融入日常生活的使用场景中。例如儿童行业教育娱乐、健康医疗、家用电器、交通出行等，实体交互产品设计的应用案例已经广泛深入各个领域。目前，实体交互设计的概念框架也在逐渐成熟，这帮助学术研究者、设计师把实体交互设计理论模型进行分类并针对不同类型的产品进行个性化设计方法研究。实体用户界面的主要特征具体有如下四个方面。

1. 物理实体映射到对应的数字信息并作为其表现形式

实体用户界面主要特征在于表现实体与底层数字信息和计算模型耦合，包括利用图形数据构建实体、模拟计算控制（操作）工具、附属材料特性等。物理实体与对应的数字信息内容以及用户的感知能力建立映

---

① 机器学习是一门多领域交叉学科，涉及概率论、统计学、逼近论、凸分析、算法复杂度理论等多门学科。专门研究计算机怎样模拟或实现人类的学习行为，以获取新的知识或技能，重新组织已有的知识结构使之不断改善自身的性能。它是人工智能的核心，是使计算机具有智能的根本途径，应用遍及人工智能的各个领域。它主要使用归纳、综合的方法而不是演绎。

射的匹配关系，通过在触觉、视觉、听觉等多通道的交互行为，使用户与信息空间无缝连接，形成流畅的用户体验。例如，早在 2003 年，斯坦福大学的伊斯塔夫（iStuff）就尝试把 GUI 中的界面构件用实物来代替，比如笔、滑动杆、按钮、玩具狗、铁笔、麦克风等，各个物理交互设备通过无线网络连接，让数字工具栏能够实现物理实体的多设备协同工作。随着 3D 和 4D 打印 ① 技术的发展，MIT 材料实验室在 3D 打印的基础上，利用计算机 4D 打印的可变形材料形成实体用户界面。瑞士洛桑联邦理工学院仿生机器人实验室研制的仿生机器人 Roombot，能够自由地移动和自动地组装，还能像积木玩具那样自由地改变组装的造型。仿生机器人向周围环境收集传感输入的数据，了解用户当前的需求，然后按照用户反馈的需求进行变形。数字信息与物理实体界面结合起来，实现数字内容形态与实体物理形态的功能同步变化，将比特信息与物理实体界面映射，使用户直接与实体对象互动。

2. 为实现交互功能，在物理实体中嵌入电子机械结构

实体用户界面的表现实体通常被看作控制物理交互的载体。这些工件的物理运动和旋转，相互拼插或连接，以及这些表现实体的其他操作，都是实体界面的主要控制手段。实体用户界面将信息输入输出的方式融合在设备中，尤其是将部分信息的输出和所有信息的输入融合到了可操作的物理实体中，利用具有数字特性的物理载体，用户可以直观地与虚拟数字信息交互，提高了交互的体验性。麻省理工学院开发的实体交互积木 Mediablocks，由许多可以储存和传输数字信息的小方块组成，插槽里内置了微型的白板、摄像头、打印机和数字投影等设备。当一个积木方块插入插槽时，与积木关联的信息就被传输到共享网络中。此外，产品还包含两个操纵器，它们用于组合和编辑各类 Mediablocks 中的数字信息，计算机设备充当积木与插槽之间的网关，白板、摄像头将 Mediablocks 中的数据记录在设备中，打印机和投影仪将 Mediablocks 中存储的信息显示出来。

3. 物理实体可"感知"数字化媒介信息

实体界面依赖物理和数字表现之间的平衡。体现式物理元素对于定义实体用户界面的控制与表现发挥着中心作用，尤其是图形和音频的数

---

① 4D 打印，准确地说是一种能够自动变形的材料，只需特定条件（如温度、湿度等），不需要连接任何复杂的机电设备，就能按照产品设计自动折叠成相应的形状。4D 打印最关键是"智能材料"。4D 打印是由 MIT 与 Stratasys 教育研发部门合作研发的，是一种无须打印机器就能让材料快速成型的革命性新技术。

字表现，通常大部分的动态信息由底层计算系统处理。一般来说，交互型产品需要与物理空间接触互动，数字信息的互动可以以软件与硬件为载体来实现。因此，为了实体交互有更好的用户体验，人们利用自身的感觉器官感知交互，通过一种"材料"实体用户界面的形式对人类感知的方式进行组合。哈尔滨工业大学的研究生设计了一种基于实体用户界面的音乐播放器 T-Music，选用了与实体交互情感类型对应的音乐情感类型，以各种人物表情模型对应不同基调的音乐类型。例如，当用户选择悲伤的人物表情模型时，系统将播放以悲伤为主旋律的歌曲；选择欢乐的人物表情模型时，系统将播放欢乐旋律的歌曲。设计的交互方式不仅将实体属性和数字信息进行统一，能够让用户简单和直观地掌握到T-Music 实体播放器的使用方法，而且以人物模型作为交互载体让用户更容易识别和产生情感共鸣。

4. 物理实体的特性能够体现其代表的数字信息的特性

实际上，实体用户界面一般是由物理工件系统构建的，物理实体的可读性是由人和计算机的物理状态决定的，其物理结构与系统所呈现的数字信息状态紧密耦合。从 1997 年实体用户界面概念提出以后，麻省理工学院媒体实验室进一步扩展提出了物质化用户界面，即物理世界的交互载体可以根据数字信息的状态发生实时的变化（包括外观以及形状变化）。物质化用户界面概念的提出延伸了实体用户界面的研究范围。目前这种研究是实体用户界面发展的新趋势，不管材料特性如何复杂、结构如何灵活多变，都可以根据数字信息进行反馈并表达出来，例如二元协同纳米界面材料①、仿生智能界面材料、生物材料等摒弃传统的全新合成材料，而对材料的表面进行某种特殊的加工，使材料具有特殊的功用。物质化用户界面材料技术的成熟和投向市场仍需要很长的时间，但在交互设计技术探索方面我们需要先一步尝试。麻省理工学院媒体实验室在新型可变形自适应变化组装的材料、新能源提供方式，以及数字信息的投射映射表现方法等方面都做了深入的研究和实验开发，对实体用户界面交互进行革命性的前沿颠覆式创新。回归物质世界本身，成为人机交互界面研究的新方向。

本节中对实体用户界面特征逐一分析，相信实体用户界面也可以通

---

① 二元协同纳米界面材料不同于传统的单一体相材料，而是在材料的宏观表面建造二元协同纳米界面结构。该界面材料的设计思想是，人们不一定追求全新的合成材料，当采取某种特殊的表面加工后，在介观尺度能形成交错混杂的两种性质不同的二维表面相区，而每个相区的面积及两相构建的"界面"是纳米尺寸。

过更多输入模式实现。其实，只要遵循所分析的这些实体用户界面特征，人们就能为一些既有的交互模式创建崭新的界面，包括触摸触控、语音控制、空中手势以及肢体交互等，有效地利用了人类在现实世界中的生活经验。设计的实体用户界面只是外在的呈现形式，而利用现代交互技术的潜能使交互行为设计更贴合用户的本能，适应特定环境及任务，满足用户要求等，则是实体用户界面设计的灵魂。

2.1.3 实体用户界面设计的要素

本节基于前文中对实体交互概念、实体用户界面发展变革、实体用户界面的特征以及相关案例的研究分析，总结归纳出实体用户界面设计的四大要素。

1. 与数字信息直接交互的实体用户界面

实体用户界面的核心技术是利用计算物理技术使用户通过物理实体与计算机元器件及传感器交互，也就是通过操作日常实体交互式界面与数字信息内容交流互动。例如，URP（Union Resource Planning，联盟体资源计划）城市规划模拟系统是实体交互式界面著名的案例，研究大规模建筑之间的风效应形成的实际阴影和反射，可以通过计算机模拟白天、黑夜及不同季节的光线照射，系统自动判断并计算出建筑物的阴影对周围环境的影响程度和空气流动的情况等。除了实体交互式界面的工作台，还有更大尺寸和交互空间的墙面交互界面，它在公共空间应用也非常广泛。在一些新媒体交互艺术装置中可以看到许多这类的艺术作品，例如"Hole in Space""Clear Board""Rasa""Senseboard System"等，其中1997年石井裕和乌尔默（Ullmer）研发的transBOARD，将背部有磁力的、嵌入条形码的超级卡片与电子白板结合，电子白板的内容扫描拷贝到超级卡片中，存储在metaDESK中被作为同一个超级卡片进行应用。

2. 运用合理的感知觉交互行为

除了强调数字信息的直接交互以外，实体用户界面需要利用人的感知觉认知能力来建立交互方式，避免传统的图形用户界面的WIMP（窗口—图标—菜单—指针）交互方式，去计算机化和同质化的弊端。例如，实体用户界面Rainbottle，利用使用者熟悉的方式打开和盖上瓶塞，来影射收音机开关的动作行为，Rainbottle的示能性对音乐的具象感知产生了通感和联觉的认知效果，来自生活体验的交互形式为用户的认知理解提供了零壁垒的交互体验。德国设计师马蒂亚斯·平克特（Matthias Pinkert）设计的RIMA是盏LED台灯，产品突破传统的按钮开关设计，利用环形控制器等操控台灯的开关与发光,当用户滑动环状控制器时,就可以点亮环形控制器之间的 LED 灯并控制光线的颜色。这种交互方式使用户无须学习就可理解,仅凭借自然的感知觉使用行为滑动环状控制器就能达到对 RIMA 灯具的控制。

3. 情感化驱动的产品交互表达方式

情感是人类最大的特征属性,情感化设计在交互式产品设计中有着非常重要的地位。美国交互设计专家、设计心理学家唐纳德·诺曼在《情感化设计》一书中提出了情感化设计的三个层次,即本能层、行为层和反思层。诺曼强调本能层与行为层分别代表的是产品属性与用户行为方式,而反思层覆盖信息、文化及产品的功效等诸多信息。实体交互产品最本质的属性是满足用户的情感体验需求,这一属性也是目标用户与产品交互的最大驱动力。实体交互产品并不是一件冷冰冰的功能产品。其设计应注重情感化驱动的产品表达,使产品能够与使用者产生情感共鸣,也许是一段记忆、一个故事或者一段情感经历。这里所指的"物"不再是形而上的产品,而是鲜活而生动的情感故事,让人们对生活方式有着沉浸式的体验,而不是复杂的科技带给人的疏远感及机械感。研究者从技术层面探索新一代人机交互形式的同时,特别尝试着从情感认知等方式入手设计产品的操作方式,用最熟悉的方式将行为认知与情感映射,保持最初的简单需求和热情,带给人们愉悦的用户体验,显得尤为重要。2005 年,知名设计师斯蒂芬·文森(Stephan Wensveen)设计了一款情感(affective)闹钟,产品定位为"识别人类情感的闹钟",包括 12 个滑块、2 个显示屏等。闹钟下端的显示屏显示时间,圆形中心的显示屏显示闹钟预设的闹铃时间。用户可以滑动多个滑块来表达自己的情绪,不同的操作会使滑块出现在不同的位置,从而形成不同的图形,这便是记忆跟踪用户操作的图形。设计师应用心理学中学习和条件反射理论,依据用户操作的图形轨迹判断用户的情绪变化。此外,中国美术学院研究生设计的"云之云"吊灯以云朵为原型,赋予其自然真实的光线,用户扔出儿时的纸飞机使其从云朵下端飘过,就能点亮"云之云"吊灯。"云之云"在情感化设计上将吊灯与云朵造型关联,赋予产品一种生动的形态,兼具功能性与装饰性,同时在交互形式上,用纸飞机的开关方式,将用户带入童年的回忆里,生动有趣的形式不同程度上唤起用户各自不同的情感记忆。

4. 趣味性的用户体验设计

用户体验(user experience,UE)通常指用户在使用某种产品、系统或者服务时所产生的主观感受和反馈。用户体验包含使用前、使用时及使用后产生的情感、信仰、喜好、认知印象、生理学和心理学上的反应、行为及反馈。用户体验良好的产品必然与用户的认知印象及情感相关联。对于实体交互式产品来说，创建一个趣味性的用户体验并不是单一的有趣，而是将体验设计与产品的自身属性关联。相对于较复杂的实体交互产品，产品功能越多而相对定义的自身属性越独立，创建有趣的用户体验难度也越大。因此，如何向用户提供愉悦的使用体验需要考量产品的每一个特性、功能或步骤是否会增加用户体验的负荷。例如，2014 年日本设计师发明的"会逃跑的钱包"，这种智能钱包内置传感器并通过与手机 App 关联具有省钱模式与消费模式的功能，将物理世界和数字世界交互联系起来。当处于省钱模式时，如果伸手抓钱包，它会自动移动、躲避并发出求救的声音；当处于消费模式时，钱包会主动靠近用户并播放亚马逊的商品销售排名来刺激用户消费。这种有趣的体验技术虽然还不太成熟，但是非常符合用户的体验期望，发展前景非常乐观。

本小节分析归纳实体用户界面设计的四大要素及其相关的应用案例：与数字信息直接交互的实体用户界面；运用合理的感知觉交互行为；情感化驱动的产品交互表达方式；趣味性的用户体验设计。我们看到无论是提供直观的交互方式，还是从符合人的感知觉、情感认知出发，实体用户界面的设计本质还是"物"，必须要满足用户的情感化需求。这是对于大多数产品"情感沙漠化"的反思，同时让人们思考数字世界中信息设计。

2.2 儿童心理学理论基础

儿童心理学是一门基础理论学科，系统阐述了儿童从出生到成年各阶段心理发展基本规律。儿童心理学的发展年龄段划分为 0—18 岁，其中婴儿期为从出生到 1 岁，幼儿期为 1—3 岁，学龄前期为 3—7 岁，学龄期为 7—13 岁，青春期为 13—18 岁。本节以 3—7 岁学龄前儿童为例，这个年龄段儿童容易学习知识技能或形成心理特征，好的引导能够促进儿童心理水平迅速发展，错过了这个时期则学习发展比较缓慢。因此，研究儿童心理学有助于了解儿童发展规律，丰富和充实设计心理学一般理论，为儿童产品设计提供理论支持，促进儿童教育理论的发展，更好地为儿童教育行业发展提供便捷的服务。

2.2.1 儿童生理发育特征

儿童生理与成人不同，有自身的生理发育的特殊性，这也是理解儿童用户所必须研究的基础内容。比如，学龄前儿童在生理方面的外在器官、运动能力、语言能力、神经系统等与成人有着较大的差异化。儿童发展研究报告中提出了学龄前儿童的身体发育阶段性指标，3—7岁的学龄前儿童体重平均值在12.3—27.8公斤，身高平均值为94.1—125.4厘米，已经学会自己坐直站立，具有一定的运动能力，手的动作灵活协调。学龄前儿童在视、听、嗅、触觉等感知觉以及大小、距离、方位等数理空间概念等方面，主要依赖感知觉来收集认知信息和积累认知经验。

1. 儿童的神经系统

儿童的神经系统比成人敏感，对外界的刺激应激性较强，容易被外界各种因素干扰。此外，儿童的大脑发育正处于快速发展期，脑部思维发展极其有活力，是智力开发的巅峰时机，但是脑部神经的发育较晚，注意力比较分散，年龄越小控制能力越弱。

学龄前儿童负责组织分析能力的前额区域发展很快，左半脑相对右半脑越加发达。这个年龄段儿童观察力敏锐，学习能力很强，注意力容易分散。因此，学龄前儿童产品设计需要锻炼儿童游戏技能、加强语言沟通能力；需要与儿童语言、运动、感知觉相符合，有效提升儿童感知觉水平；需要考虑如何通过产品使儿童左右手同时发展，从而平衡发展左右脑。

2. 儿童外在身体器官

儿童的身体器官有如下特征：触觉器官感知敏锐，身体皮肤幼嫩，并且容易受到伤害。例如，学龄前儿童听觉器官发育不完善，但对音乐旋律节奏感非常感兴趣；视觉器官发育不成熟，眼睛需要避免强光直射，养成良好生活习惯；肌肉仍在发育，涉及肌肉大动作较为灵活协调（包括手部肌肉、腿部肌肉等），小物件使用精细动作比幼儿期更加熟练，肌肉协调性、平衡感以及小肌肉技能敏捷性，已经可以熟练使用小工具。

学龄前儿童感知觉器官发育迅速，感知觉能力比成年人敏锐，大动作发育成熟但精细动作有待完善，比起成年人仍需提升生活技能。因此，学龄前儿童产品尺寸需要符合该年龄段儿童的身体特征，比如大小适宜儿童抓握，安全问题应该足够重视。

3. 儿童运动特点和技能

儿童的运动技能包括跳跃、跑步、爬行、投扔等，运动神经活跃，精力旺盛，随着年龄的增长有较大差异性。例如，学龄前儿童大部分时间在不停运动，尤其是男孩喜欢对空间环境进行各种大动作探索，而精细小动作运动方面，能够完成扣衣服扣子、串珠子、用勺子自己吃东西、握笔涂涂画画、拼接积木、拼图等活动。因此，针对学龄前儿童运动特征的产品设计策略总结如下。

设计师需要充分考量该年龄阶段儿童爱动的特点，在儿童产品设计中利用适宜的交互行为调动儿童与产品互动的积极性，同时交互手势需要与学龄前儿童的精细能力相匹配，这样才能达到预想的游戏效果。

4. 儿童的语言及思维能力

儿童的语言表达具有情境感、重复性等特征，语言逻辑性和连贯性较弱。儿童的语言表达能力在学龄前这一时期迅速发展，主要表现为词汇数量迅速增加，词汇内容丰富多变，词语类型延伸广泛，短期记忆的不断增加。学龄前儿童的无意识记忆容量突出，具象记忆优于抽象记忆，形象思维优于逻辑思维，儿童的记忆容量随着年龄的增长而递增，记忆变得容易但准确性不高，需要重复记忆提升记忆效果。同时，由于学龄前儿童脑部细胞活跃，发散思维能力较好，对信息有具象思维感知能力。在儿童 5 岁左右，抽象思维能力就逐渐形成，开始对事物进行简单的推理思考，以及从不同角度归类思考。因此，儿童产品设计应尽可能锻炼儿童的语言表达能力及沟通能力，应用具象造型手法增强记忆效果，增加趣味性从而带动儿童情绪记忆特点等。

2.2.2 儿童心理发展特征

儿童产品设计除了满足儿童生理需求外，还应兼顾儿童的心理需求，良好的产品设计应能满足儿童不同的心理需求，对他们产生积极的心理影响。儿童的主要心理特点是好奇、兴趣不稳定、渴望尝试所有的事情、凡事都要亲自感受、有强烈的求知欲和认知兴趣。与过于理性、严肃的成人家具相比，儿童更喜欢玩法多变的组合家具，如 Animaze 模块化儿童多变家具。这套儿童家具造型可爱，同时为儿童提供了多种游戏功能空间，充分满足了这一阶段儿童的心理需求。

1. 儿童好奇心的发展特征

儿童对新颖环境、新鲜事物会产生强烈好奇感，喜欢通过自己的触、听觉感官，亲自探索新奇的事物。尤其是学龄前儿童由于缺乏生活经验常识，对新鲜事物的认知大多源自对家长的询问，他们会提出很多问题，同时也会对新鲜的事物亲自摸一摸、玩一玩、试一试。好奇心对于低龄儿童的成长具有积极向上的意义，这代表孩子们爱思考、爱学习，有利于身心的健康发展。学龄前儿童渴望探索，具有丰富的想象力，喜欢刨根问底地慢慢探索到事物的本源；随着年龄的增长，儿童从一开始的询问，到积极地触摸、观察、动手拆卸。同时，随着儿童对成长环境和认知能力的提升，好奇心会慢慢减弱。

2. 儿童同伴交往的特征

随着儿童逐渐长大，他们的交往对象慢慢从家里的父母等亲人发展到同龄伙伴、幼儿园老师等。例如，学龄前儿童喜欢和年纪大一点的孩子们玩耍和模仿大孩子，而年纪大一点的孩子们却不愿意和年纪小一点的孩子们一起玩，孩子们以同龄的哥哥姐姐为学习和模仿的榜样。儿童的人际交往以学校为中心向邻里扩展，因为这种环境容易聚集到年龄相仿的很多同伴。与同伴之间的交往可以满足儿童沟通交流的需求以及增强儿童的社会责任感，同时也为儿童提供互相学习的沟通渠道，是儿童心理发展中情感化诉求的重要来源。从相关儿童心理学实验发现，3 岁以上的学龄前儿童更偏爱和同性同伴玩耍，主要由于与同性同伴有共同的兴趣爱好及话题。随着年龄的增长，儿童依恋同伴的程度显著加强，与同伴建立友谊的数量显著增长，单独游戏减少，群体游戏增加。

3. 儿童个性的特征

我国有句谚语叫"三岁看大，七岁看老"。学龄前儿童已经形成天生的个性特征，同时儿童的个性也会随着环境和年龄的变化而变化。据儿童心理学研究发现，从 3 岁开始儿童的心理特征就已经发展成形，5 岁已经形成明显的个性特征。自我控制能力方面，4—5 岁是发展的转折点，到了 6 岁绝大多数儿童都具有一定的自我控制能力。自我情绪体验方面也不断地深化发展（愉快、愤怒、委屈、自尊、羞愧等），其中 4—4.5 岁的儿童能够体验到自尊、羞愧等情绪。同时，儿童家庭成长环境、兴趣爱好以及认知能力不同，他们在性格特征方面会有较大的差异性，比如有的孩子性格外向、自信，有的孩子性格自卑、孤僻等。设计师在为儿童进行产品设计时，需要针对儿童的生理和心理进行深入研究，为他们设计合适的产品，帮助他们健康快乐地成长。

4. 儿童模仿能力的特征

儿童具有极强的模仿能力，他们通过模仿开始认知世界的一切事物，比如他们通过模仿成人的语言和行为开始学会沟通交流以及生活技能。3 岁多的儿童逐渐从摆弄物体的动作过渡到有意识地模仿眼前出现的简单动作，例如，看见别人在画画，他也会照样地尝试模仿。当儿童摆弄物体的行为发展到会按压物体的功能键使用和操作时，行为的延时模仿就出现了。随着儿童感知觉记忆的发展，保存在头脑中的感知觉形象记忆便会因为生活场景的刺激引发对原有形象的模仿。儿童对图形的认知先于文字的理解，跟着音乐旋律哼唱学歌先于背歌词记忆，没有进行系统的拼音学习也能够学会语言表达，不会认字理解诗词的意义也能对诗歌倒背如流，这就是儿童模仿学习的结果。

2.2.3 儿童认知能力发展特征

儿童认知能力的发展是儿童发育的重要组成，其中大脑信息加工系统是不断进阶的认知发展过程。儿童认知结构和认知能力的形成随着年龄增长而发生规律性变化，儿童大脑结构与身体各项机能的发展、想象力与逻辑思维能力的发展，对儿童的认知能力发展有重大的意义。儿童产品有助于儿童提升自我逻辑思维能力以及认知发展能力。

1. 儿童感知觉的发展特征

感知觉是儿童认知事物的初始阶段，在感知觉行为的基础上才能对新鲜事物有进一步的认识，从而形成一系列较为复杂的心理过程，拥有学习与认识自身和外部世界的能力。儿童更容易通过图形、色彩、材质、声音等感官方式来认知世界，而不是通过语言和行为等方式来认知世界。

（1）儿童视觉的发展

视觉刺激是形成人的认知中重要的信息来源。儿童辨别细致物体和比较物体差异性视敏度随着年龄的增长而不断提高，视力从出生时的黑白模糊不清到准确辨别色彩，直到6岁儿童的视敏度才发育完善。所以，学龄前时期是人类视力水平发育的重要时期，近视、弱视、斜视等眼疾容易在该年龄段形成，并且治疗效果最佳。此外，研究结果表明，学龄前儿童辨认颜色的正确率和辨识颜色的种类随着年龄的增长而提高，3岁儿童已经可以辨认基本颜色（红、黄、蓝、绿等），但是对于混合色辨认有难度，而4—5岁的儿童可以辨认混合型颜色（粉红、土黄、墨绿等），6岁的儿童完全能够对所接触的颜色进行准确的辨认（灰色、天蓝、古铜等）。由于儿童生活经验不足，没有成人进行正确的引导，将不利于儿童视觉能力的发展。（图2-4）

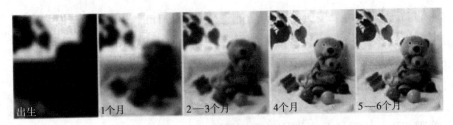

| 出生 | 1个月 | 2—3个月 | 4个月 | 5—6个月 |

图 2-4　不同月龄宝宝视野清晰度

（2）儿童听觉的发展

儿童识别声音的主要渠道是听力，他们依靠听觉了解事物的声响特征，例如通过听觉感知音乐的旋律，学习各种语言，观赏喜欢的动画片，从而提升自身的智力水平。儿童的听觉敏锐性因为个体差异性而有所区别，总体来说他们的听觉极其敏锐并且喜欢接收声音的互动信息，但是耳朵器官生理结构会随着年龄增长而慢慢发育完善。学龄前阶段学习语言的天赋远超过成年人，他们在学龄前中期阶段便可以辨别语言语音的细微差别，到学龄前后期阶段便可以熟练掌握本民族语言或者其他的语言。儿童的听觉神经较脆弱，容易受到噪声的刺激而影响听觉神经的发育，家长可以通过营造轻松的环境氛围来保护幼儿听觉的发展，同时也可以通过系统的语言训练幼儿的语言表达能力。儿童的听觉对语言能力、思维扩展以及人际沟通能力发展有所影响，家长应该非常重视儿童听觉能力的培养。

（3）儿童触觉的发展

触觉是皮肤受到机械刺激时产生的感受，触觉作为儿童认知世界的重要手段，对儿童认知能力的发展起着重要的作用。儿童从出生时就对外界有了触觉反应，比如无条件反射行为中的吸吮、抓握、拖拽反射等。主要的触觉器官有口腔和手，手的触觉是通过触觉认识外界的主要渠道。眼手协调动作的出现，也就表明手的真正触觉探索的开始。儿童主要通过双手触摸感知物体的基本属性，比如棉花的柔软、果壳的坚硬、鸡蛋的光滑、石头的粗糙、冰雪的寒冷、篝火的炽热等。面向学龄前儿童的产品设计应该充分调动儿童的触觉感官，利用材质的变化、造型的凹凸、抓握的力度来发展他们的触觉感知能力，让儿童在与玩具的互动接触中，提高自身的触觉感知能力。

（4）儿童知觉的发展

儿童的知觉主要包括空间、时间、运动等方面。

空间知觉是儿童对事物的空间关系的感知，例如儿童对于三维造型的感知是视觉、触觉等共同感知作用的结果。据实验研究发现，儿童对于形状的辨识知觉大致发展如下：3 岁幼儿能正确辨识正方形、长方形、三角形等基本几何图形，4 岁幼儿能正确辨识半圆形、梯形，5 岁幼儿能正确辨认菱形、平行四边形、椭圆形等各种几何图形，掌握基本图形名称。儿童方向感知觉的发展趋势为：3 岁左右能分辨上下，4 岁左右能分辨左右，5 岁左右能分辨以自身为中心的东南西北。

时间知觉是心理学领域的重要概念（人脑对客观现象延续性和顺序性的反应，也称为时间感）。儿童从 3 岁开始通过对事物顺序的联系感知时间的概念。4 岁的儿童已经完全理解关于昨天、今天、明天的概念，但不能区分时间关系和空间关系，5—6 岁的儿童能理解一日之内或者一周内的时间顺序，学会把时间和空间的次序关系区别开来。

运动知觉是儿童对物体空间位移和速度快慢的感知觉。通过运动知觉的感知能力，儿童可以明确辨别物体的运动状态和运动速度，结合儿童的多动、注意力分散的生理特征，设计师可以考虑设计符合儿童运动感知觉能力的互动玩具。

2. 儿童观察力的发展特征

儿童的观察力以视觉为活动发展的中心，结合手势指指点点的行为特征，视知觉要以手的动作为指导。儿童观察的顺序由跳跃式、无序式的行为逐渐向有顺序性的观察力发展。

（1）观察力基本特征

容易选择动态的、鲜活的、颜色鲜艳的、面积大而清晰的物体作为观察对象。比如儿童乐园的卡通玩偶，总是因为鲜艳的色彩、生动的造型、庞大的体积而吸引多数儿童驻足观摩。此外，研究发现，具有明显特征的物体容易被观察，而无明显特征的物体容易被忽略，比如学龄前儿童容易记得球的大小有差别，却记不得色彩和图案的差异。

（2）观察力的培养

观察力的培养方法主要有：①调动儿童的多感觉器官对事物进行观察，例如可以将孩子们带到大自然中感知大自然的美好，亲眼看看各种花草鱼虫的美丽颜色，亲手感受湖水的冰冷和阳光的和煦，亲耳听听悦耳的鸟鸣声，从而认知气候变化的特征；②引导儿童深入观察细节，培养儿童系统性观察力，养成更好的学习习惯，如观察昆虫的标本可以遵循由表及里、由整体到局部、由明显特征到无明显特征的观察原则；③为幼儿提供良好的环境和观察对象，家庭环境和学校作为儿童生活和学习的主要场所，需要提供丰富的观察材料，引导幼儿用多种感官方式参与观察。

3. 儿童注意力的发展特征

注意力主要包括无意注意力和有意注意力两种基本形式，儿童注意力发展以无意注意力为主，后期逐步形成有意注意力。低龄儿童的无意注意力是以无预定目的、自由散漫的注意力为主，主要会被日常突发的物体的物理特性刺激吸引。低龄儿童处于有意注意力发展初级阶段，指通过意志力控制来引导注意力发展，由于不稳定性较高，需要依靠成人引导来培养有意注意力。在学龄前儿童的初期，他们的注意力持续时间很短，在某个事物上的注意时间不长，尤其容易被周围的环境分散注意力，家长或老师可以引导他们学会如何持续性关注某一事物。因此，设计师在进行产品设计时需要考虑如何帮助儿童集中注意力，如何吸引低龄儿童注意力。设计师可以在儿童产品中突出需要注意的特征，对其进行重点梳理，以此培养儿童专注力。

4. 儿童想象力的发展特征

儿童的想象力是儿童对旧有表象进行加工改造而建立新形象的心理过程。想象力的发展是儿童认知发展的重要内容，儿童可以通过想象力构建自己的游戏世界、学习和认识事物，进而促进身心健康发展。儿童的想象力主要分为再造想象力和创造想象力两种：①再造想象力，儿童根据一定的参考事物（图形、图表、符号、语言等），形成关于某种创造性事物形象的过程；②创造想象力，儿童独立依据自己的想法去构造新形象事物的过程。研究发现创造想象力来源于无意识的发散联想，创造想象的形象往往与常规原型大相径庭、天马行空，创造想象力的场景由于不受认知经验的束缚会更加丰富。由于儿童认知水平限制，想象表现能力的局限性，以及情绪对想象的影响，儿童想象力具有创造夸张的天赋，喜欢突破常规的方式构建夸张的形象和内容，并且常常将现实与创造内容混淆一体。因此，卡通人物造型采用夸张形态、鲜艳的颜色，强化夸张某一部分特征，例如风靡世界的动画片《米老鼠和唐老鸭》，内容生动有趣，让儿童在欢乐的气氛中学习认识世界，是一部寓教于乐、适合儿童欣赏的卡通动画片。

2.3 儿童产品设计的理论基础

随着科技热潮的来临及大量资本的投入，儿童产品智能化成为一种趋势，但这些儿童产品缺乏对儿童群体的认真思考，不合理的功能、错误的价值引导充斥在粗制滥造的儿童产品中。儿童产品市场是一个富有生机的、极具商机的消费品市场，全球儿童产品市场十分庞大、产品类型多样，需要设计的需求空间非常广阔。在这些享誉国际的儿童产品中，有专门生产儿童玩具的品牌，例如，风靡全球的丹麦乐高积木，产品主题系列包括描绘"星球大战"人物和场面的系列、"蝙蝠侠"系列、"建筑师巴布"系列、"汤姆仕火车"系列以及适合婴幼童的较大块得宝积木；还有涉足儿童动漫娱乐市场的行业品牌，例如，美国迪士尼公司从最初的电影发行公司慢慢发展为动画电影制作公司，并转向为全球最大型的娱乐主题公园，再延伸到儿童玩具市场，迪士尼主题玩偶"米奇"老鼠造型已被应用到各类功能玩具中；同时还有大型综合性的儿童产品品牌卖场，例如全球最大的玩具连锁店"玩具反斗城"（Toys "R" Us），通过整合各类型儿童产品品牌向消费者提供全方位及一站式的购物体验。

12 岁以下的孩童期是人生成长的关键时期。儿童产品设计直接影响着儿童的生理、心理健康成长，这一阶段的儿童有自己的喜好与认知，例如对颜色、形状、卡通角色的偏好等，这些都影响着儿童产品设计的理念。中国作为一个人口大国，12 岁以下儿童约占总人口数的 25%。虽然儿童产品市场增速迅猛，但行业发展现状也存在如下问题。

（1）儿童产品生产企业数量多，市场占有率低

目前，中国的儿童产品制造业仍以生产非设计研发产品为主，儿童产品的制造工艺水平主要集中在中低端水平，与国际知名企业的研发设计水平相比仍有一定的差距，且自主品牌的影响力较低。正是由于研发设计水平、品牌影响力、质量水平等方面落后，所以国内儿童产品生产企业规模小而集中，多以贴牌低端制造为主。

（2）产品区域链版图较集中

产品进出口基地多集中在江苏苏州、广东东莞、浙江乌镇、山东青岛、福建厦门等地区。据报告统计，2015 年全国儿童产品出口金额达308.03 亿美元，该产业集群区域出口金额合计达 289.87 亿美元，占全部出口的 94.10%。

（3）原厂委托制造为主，多种经营方式并存

原厂委托制造（original equipment manufactures，OEM）[①]模式中，儿

---

① OEM 的基本含义是定牌生产合作，俗称"代工"。OEM 产品是为品牌厂商度身定造的，生产后也只能使用该品牌名称，绝对不能冠上生产者自己的名称再进行生产。OEM 产品的特征是：技术在外，资本在外，市场在外，只有生产在内。故 OEM 产品未必和原厂产品质量相同。

童产品制造企业为品牌企业提供纯加工制造服务，由于加工制造附加值很低，产品的利润十分微薄。目前，国内部分儿童生产企业开始发展自主品牌制造（original brand manufactures，OBM）①，与 OEM 模式相比，OBM 有更高的科技化含量，品牌的利润空间也更大，但其品牌影响力建设需要时间积累。

（4）儿童产品生产企业不断寻求转型，与文化产业结合不断加强

一方面，儿童产品生产企业与动漫产业结合不断加强，例如将产品与动漫产业融合创新，将动漫中的经典形象做成玩偶并且赋予它生动的交互式故事情节。另一方面，儿童产品生产企业不断进军互联网教育娱乐市场，互联网与 CG 动画、VR/AR 技术的蓬勃发展，促进了线上教育平台的迅速崛起。国内葡萄科技公司为 3—12 岁的儿童提供多种全生态的游戏学习产品，通过先进科技为孩子创造各种充满想象力的产品，如儿童 Q 淘逻辑派对采用逻辑训练与 AR 教学，学习基础颜色、图形与空间方位、长短比较等知识。儿童产品的天然娱乐属性使得越来越多的趣味创新型产品被开发出来，既具有生动的故事内涵又附属酷炫的娱乐功能。儿童产品的转型升级为加快产业迅速发展提供了难得的机遇。

2.3.1 儿童产品的类型

儿童产品市场上琳琅满目的商品展现出人们对产品的多样化需求，可以说每一个儿童产品都有很多综合的特质。本书主要按照交互技术的应用模式将儿童产品设计分为两大类，第一类是传统的儿童产品，第二类为交互式儿童产品。

1. 传统的儿童产品

传统的儿童产品按照功能类型和用户需求可分为亲娱乐性产品、亲教育性产品、亲看护性产品等。

亲娱乐性产品主要指以娱乐游戏的方式培养儿童富有趣味性和互动性的游戏体验，锻炼儿童良好心理素质，包括耐心、细心、自信心与逆向思维，同时锻炼儿童的手眼协调能力。例如，构建类积木可以锻炼空间推理能力、观察认知物体结构的能力，观察游乐场设施的外形特点、景观环境、人物形象等，然后用积木来搭建，经过反复建筑各种物体，不但提高

---

① 由于代工厂做 OBM 要有完善的营销网络作支撑，渠道建设的费用很大，花费的精力也远比做 OEM 和 ODM 高，而且常会与自己 OEM、ODM 客户有所冲突，所以通常为保证大客户利益，代工厂很少大张旗鼓地去做 OBM。

了儿童的观察力、记忆力，也培养了他们的操作能力和创造能力。

亲教育性产品主要指辅助儿童学习的教具类产品。例如，魔方类或迷宫类玩教具产品可以提高儿童的记忆力、整体观察能力和空间思维能力，儿童玩魔方时手在拧，眼同时看，脑子也一直琢磨怎么拧。通过游戏，儿童可以学习、感受、实验和掌握知识，大脑也是通过这种方式吸收新经验和新知识，儿童的身心在不知不觉地得到锻炼和发展。

亲看护性产品主要是指为儿童健康和安全需求提供支持的儿童产品。例如安全座椅、餐具等专为儿童身体发育特殊阶段、学习掌握相关生活技能而设计。

传统的儿童产品设计巧妙，是每个儿童成长的必备产品，但是在"科技 +"的智能化时代，传统产品与儿童间的互动方式过于单一，会让儿童感觉到乏味，不能够让儿童长时间地产生兴趣，仅仅只满足基本的功效和作用。（表 2-1）

表 2-1 传统型玩具的分类

分类	基本信息	产品信息	功能描述	优点描述	缺点描述
亲娱乐性产品	构建类积木		为低龄宝宝设计大颗粒产品，拼插和拆卸都很容易，造型十分可爱	可以提高儿童的观察力、记忆力，也能够培养他们的操作能力和创造能力	在"科技 +"的智能化时代，传统产品与儿童间的互动方式过于单一，会让儿童感觉到乏味，不能够让儿童长时间地产生兴趣，仅仅只满足基本的功效和作用
亲教育性产品	儿童魔方		用具有弹性的硬塑料制成。玩法是将魔方打乱，然后在最短时间内复原	儿童可以学习、感受、实验和掌握知识，大脑通过这种方式吸收新经验和新知识，儿童的身心得到锻炼和发展	
亲看护性产品	儿童餐具		儿童餐具材质一般选用质量轻、不易摔损、环保健康的材料。造型上圆润可爱及颜色鲜艳，可以锻炼儿童的动作并刺激神经，使儿童大脑良好发育	专为儿童身体发育特殊阶段、学习掌握相关生活技能而设计	

2. 交互式儿童产品

交互式儿童产品①目前在市场上出现得越来越多。其在传统产品的基础上进行了发展，产品中置入了有科技含量的设计，让儿童产品更加人性化、智能化、科技化等。从目前儿童产品市场情况分析来看，交互式儿童产品消费市场份额越来越大。交互式儿童产品从交互方式上划分可分为三大类：肢体碰触交互类、语音控制交互类、图像交互类等。

肢体碰触交互类产品，是一种常见的交互产品，采用肢体碰触的交互方式在实体产品或触摸屏幕上实现人机交互。一旦儿童用手或其他肢体部分碰触产品内部传感交互模块时，就会产生机械震动或发出声音。对于肢体的不同交互行为和不同位置的传感模块感应，产品会给出不同的有效反馈，增加儿童对于产品的兴趣。例如，Ziro 智能手套，用手势控制积木机器人的套装，内部装配有柔性传感器②，可以对 7 种手势进行识别响应，极好地提升用户的控制度，给予儿童不一样的使用体验；Phiro 智能小车，可以多种方式进行控制，并具备播放声音与人脸识别、图像拍摄等多种功能；Robo Wunderkind 机器人积木组合，每一个智能积木都具有独立的功能模块，通过智能积木自由组合的拼接方式，可以实现不同的交互效果，可以用手机操控积木。（表 2-2）

语音控制交互类产品，语音识别符合儿童的交互需求，更好地改进了儿童产品的教育和娱乐功能。大量的语音控制以及肢体碰触等创新交互方式，受到了儿童和家长的喜好。儿童产品采用创新语音对话设计将大大提升儿童互动体验，很大程度改善了儿童对产品兴趣持续时间短的特点，加强了儿童语言表达能力。例如，Hummingbird Robotics Kits 纸版机器人运用简单微型传感装置制作原理教孩子们自己制作机器人，可以通过语音对话的方式控制纸版机器人的运动方式，还将传统的手工绘画

① 交互式儿童产品是产品类别的一个细分市场，把一些 IT 技术和传统的产品整合在了一起，是一种有别于传统儿童产品的产品，在最近几年逐渐流行开来。正因为是新生事物，所以目前并无行业标准，也没有权威组织给其下一个完整的定义。如果综合市场上的大部分交互式儿童产品功能的一些共性给交互式儿童产品下一个定义的话，那就是：有卡通造型、会语音交互或能与人产生一些简单互动的产品。交互式儿童产品已经把毛绒玩具、橡胶娃娃、芯片、数码技术等不同行业的一些产品整合在了一起，能达到很强的寓教于乐的效果。
② 柔性传感器由柔性显示技术衍生而来，是集新材料、新工艺、新设计于一体的全方位创新产品。传感器分为柔性传感器和传统触控屏。柔性传感器不仅具有良好的触摸性能，还兼备极佳的柔韧性。它既可与柔性显示器相结合，应用于可穿戴式电子产品，还可以应用于智能交通、智能家居等众多领域。柔性传感器性能卓越、成本低，并可大幅缩短制作周期，具有极大的竞争力。

表 2-2　肢体碰触交互类产品

产品名称	图片	优点分析	缺点分析
Ziro 智能手套		可以对 7 种手势进行识别响应，极好地提升用户的控制度	功能对于低龄儿童较复杂
Phiro 智能小车		多种方式进行控制，可以搭配乐高玩具，帮助孩子学习编程	拼搭造型太少，不符合女孩的喜好
Robo Wunderkind 机器人		可以自由拼搭，一个模块一个功能，通过蓝牙与 App 实现手机控制	手机或 iPad 操作方式不适合儿童长时间玩耍

技艺融入机器人制作中；KOMO 教育机器人采用近距离无线通信（near field communication，NFC）[①]＋语音交互的技术，通过刷卡片方式让机器人读取二维平面图片，并用三维立体效果展现出来，语音对话的内容主要包括诗词、计算、天气、百科等方面的知识问答，也可以通过触摸机器人头部得到不同交互反馈。（表 2-3）

图像交互类产品，基于图像交互的智能产品能够促进儿童感知和逻辑思维能力的训练，培养儿童对于事物色彩、图形的辨认能力，提升动手动脑的手眼协调能力。儿童处于记忆力、感官认知力、语言表达能力快速上升的阶段，拼图游戏等图像交互产品能够在游戏中提高儿童的逻辑思维能力。例如，维兜纸牌是儿童早教类游戏纸牌，是实体纸牌产品和 App 应用相结合的一种创新型儿童游戏产品，在游戏性学习中，儿童需要在纸质实体上操控纸牌等道具并与家长所操控的 App 进行互动，家长可以将孩子的反应记录在 App 上，又能将游戏故事讲述给孩子听，增强亲子陪伴；"谜镜魔画"绘画类虚拟现实游戏，利用白纸自由作画并通过辅助材料拓展想象力，扫描海底世界画纸后屏幕将自动识别，进入

---

① 近距离无线通信是由飞利浦公司发起，由诺基亚、索尼等著名厂商联合主推的一项无线技术。不久前，由多家公司、大学和用户共同成立了泛欧联盟，旨在开发 NFC 的开放式架构，并推动其在手机中的应用。NFC 由非接触式 RFID 及互联互通技术整合演变而来，在单一芯片上结合感应式读卡器、感应式卡片和点对点的功能，能在短距离内与兼容设备进行识别和数据交换。这项技术最初只是 RFID 技术和网络技术的简单合并，现在已经演变成一种短距离无线通信技术，发展态势相当迅速。

表2-3　语音控制交互类产品

产品名称	图片	优点分析	缺点分析
Hummingbird Robotics Kits 纸版机器人		将绘画和手工元素融入其中，给予孩子无穷的艺术设计空间	交互方式较单一，材料易受损
KOMO 教育机器人		识别读取二维平面图片，用三维立体效果展现出来，语音交互对话内容较丰富	没明确标识NFC位置，对于第一次使用的孩子来说，显然不够直观

3D海洋场景，并可在纸上画小鱼和水草，还提供小卡片识别海底生物；LEGO Fusion，乐高积木和特殊底板相结合，并与IOS应用配套使用，搭建城堡后用iPad拍照，应用采用高通的viforia AR图像技术识别积木后将物理城堡输入iPad成为虚拟城堡。（表2-4）

　　通过对传统产品与交互式儿童产品的市场对比分析，研究者认为目前儿童产品正朝着智能化、趣味化、多功能化等趋势发展。设计要充分挖掘传统儿童产品造型结构简单却可变性强的优势，将其应用到交互式儿童产品的设计研发中，既要避免现代科技的复杂性、烦琐性使儿童受到挫折，又要借助先进的交互技术提升儿童交互的趣味性，发挥交互式儿童产品所具备的可娱乐、可互动、可学习、可升级等特点，从而构建智能与传统相辅相成的新型交互式儿童产品。

表2-4　图像交互类产品

产品名称	图片	优点分析	缺点分析
维兜纸牌		注重亲子互动陪伴，通过实体交互媒介学习简单的计算、图形、词汇	智能不足，纸质产品略显"简陋"
谜镜魔画		可在白纸上自由作画并通过辅助材料拓展想象力	绘画创作仅限于固定主题制作
LEGO Fusion		将物理的城堡输入iPad中成为虚拟城堡	图片识别，没有NFC和序列号认证

2.3.2 儿童产品的发展趋势

儿童产品市场细分明显，由于不同年龄时期的儿童在生理、心理、认知、游戏发展能力上都有显著差异性，所以儿童产品设计需要做出不同的调整方案。设计人员需要了解当前儿童行业的现状，而目前全球儿童产业的发展主要有寓教于乐、情境互动、新技术、安全性高等特点，其发展趋势有如下几点。

1. 产品种类的全面发展

（1）儿童产品种类突破年龄的限制

交互新技术的发展使智能产品功能呈现多样化，不仅可以限制儿童的某些娱乐活动，而且促进了儿童产品的发展日趋科技化和智能化，越来越多的家长愿意消费高科技的产品让孩子玩耍。

（2）传统产品和智能产品相互融合

科技对儿童行业的渗透越来越深，AR/VR 技术、语音交互技术、人脸识别技术、脑电波感应技术等都深深融入了儿童产品设计当中，全球各大知名品牌公司也推出了智能儿童产品。例如，索尼公司于 2017 年东京玩具展上最新推出的机器人产品 toio，儿童可以把自己设定的各种造型物安置在智能模块上，然后用圆环手柄操控机器人前后左右和旋转等运动方式，可以多人合作，多人对战。不过智能儿童产品的兴起并没有对传统儿童产品造成严重的冲击。虽然传统儿童产品可以给予儿童发挥想象力的空间，造型设计也符合儿童的喜好，但娱乐性较低，因此必须与时俱进，结合大多数智能产品极富趣味性、互动性，环保绿色的优点，唤起儿时回忆的同时促进亲子互动。例如，著名儿童品牌乐高推出"头脑风暴"系列套装，让孩子们能够利用传统的积木拼砌方式拼搭成乐高机器生物、车辆等，积木零件可与马达及传感器结合，让机器人可以行走、说话、抓取、思考等。全球儿童产业未来的趋势将是传统产品和智能产品相互融合、相互协作发展。

（3）与文化产业联动加强

动漫、绘本及文化内容产业的迅猛发展给儿童产品设计提供了很多素材，拓宽了设计的创造性思路。儿童产品设计加入文化元素能够提升产品的附加价值以及品牌知名度和美誉度，尤其是热播的动漫作品衍生的周边文创产品，比如经典故事都具有人物性、故事性、趣味性等文化元素，市场上热销的迪士尼系列、变形金刚、奥特曼、小马宝莉、超级飞侠等玩偶原型都来源于相关的影视动漫作品。动漫系周边产品颇受儿童群体的青睐。

2.儿童产品行业安全化标准日趋严格

国家标准委与质检总局发布了《婴幼儿及儿童纺织产品安全技术规范》（GB 31701-2015），同时新的《国家玩具安全技术规范》（GB 6675-2014）在2016年正式实施。目前儿童产品安全化标准加大了对儿童的保护范围，包括为14岁以下儿童的产品及材料提供安全化制造标准，其中包括非玩具玩耍功能的产品。此外，安全化标准对儿童产品的声响、机械零件、电源等安全指标提出了严格的标准要求。新安全标准体现了与国际接轨的参与式原则。新的安全化标准与《国际儿童产品和玩具安全标准》（ISO 8124）接轨，同时参考了严格的欧盟安全化标准指标，核心的安全技术标准与国际标准一致。设计师在设计儿童产品时，应该主要从以下几个方面考虑儿童产品安全问题。

（1）儿童产品造型设计的安全性

儿童身体的器官、骨骼、皮肤等都是很稚嫩的，并且自我保护意识较差，产品设计师在为儿童产品进行造型设计时，产品造型应使用圆润光滑的倒角，不能采用缝隙较大或表面不平整的材料。产品的细节设计需要考虑不要夹住或碰伤儿童的身体。例如，蘑菇钉盒装拼图，通过各种颜色和大小不同的蘑菇形小颗粒组成五彩斑斓的图案，但积木颗粒造型尺寸太小、下端尖角设计如同小图钉，容易造成幼儿吞咽、不易于抓握等问题。

（2）材料的安全性

儿童产品是儿童非常亲密的伙伴之一，他们之间不仅是皮肤上的接触，而且低龄婴幼儿还经常会啃咬、亲吻产品。产品材料本身质量安全是儿童产品设计中重点考量的问题。随着信息科技的发展，材料技术也越发高科技，各种特性材料被应用于儿童产品中，比如既有液体般的流动性又有固体磁性的磁流体材料，摇晃时可以变为墨汁般粉末，遇到磁性时立即变成锋芒毕露的阵列，能玩出好多花样。当然，材料选择不能只追求外观和功能，而忽略材料本身的危险性。

（3）儿童产品结构的合理性

儿童产品对结构的要求比较高，例如，塑料玩具飞机上的小部件，容易从飞机上脱落下来，若被儿童吞食，容易产生窒息的危害。儿童产品经常被摔打，容易造成零部件脱落，因此儿童产品的结构可以设计得简单，但一定要牢固，以免零部件散落造成二次伤害。

3.儿童产品的互动性日益增多

儿童产品的互动性是指儿童通过产品与周围人进行互动交流并且能

够实现一定的功能。好的互动性产品能带给亲子更多的乐趣体验,比如Woo Wee 指尖猴子互动玩具是一款与人互动的机器猴子,它具有各种玩耍的动作和模仿的声音,能让人了解它们的感受,孩子们可以摇动、爱抚、亲吻,甚至是哄它们入睡。还有由品牌制造商美泰制造的小马驹(Barbie Dream Horse),能够灵活地与人互动,对人的触摸和声音做出反应:触摸马的身体它会走起来,并会朝发出声音的方向移动,比如人在马的左边发出声音,它就会朝那个方向走;给它喂塑料胡萝卜,它会发出吃东西的声音;它会随着歌声跟着节奏跳舞;问它问题时它还会点头。这些产品运用了传感技术,让孩子们感受到神奇的互动体验乐趣,也正是这些带有人类情感的玩偶给予孩子们情感陪伴,让他们潜移默化地掌握高科技能量,使他们可以更好地适应高速发展的信息科技时代。

4. 注重自主品牌的发展

品牌创意是儿童产业的核心竞争力,国内儿童产品企业以往以代工为主,无法拥有自己的核心竞争力产品。由于贴牌模式的局限性和依赖性,儿童产业内的一些企业以及互联网科技公司都开始加大科技力量的投入、优化渠道销售布局,以及引入文化创意内涵等,在建立自主品牌的同时实现自主经营。例如,国内知名的葡萄科技公司,采用国内外先进的教学教育理念,用高端的信息技术为儿童创造各种充满想象力的产品,带来更好的亲子陪伴。其公司的"AR 照相馆"利用 AR 增强绘画体验、自由布景模式、故事化的涂色绘本、多彩的插画配色参考,以及手工 DIY 相框陈列,让绘画变得更有乐趣。北京小小牛创意科技有限公司是一家专注于儿童益智教育的高科技企业,运用自然人机交互技术为儿童提供有创意好玩的开放式教育娱乐体验,其产品"谜镜神笔"以神笔马良为创意原型,将 AR 技术融入绘画中,将孩子的绘画或橡皮泥手工作品通过手机摄像头识别方式,真正实现了神奇的"出神入化",激发孩子们的想象力和创造力,让他们成为"神笔马良"。

2.3.3 儿童产品的设计要素

儿童产品市场的消费群体是家长,而其使用群体却是儿童。从家长的需求层面来讲,儿童产品既要对孩子有一定的教育性功能,也要具备互动的亲子娱乐功能,同时还要考虑产品的安全性问题。从儿童的使用层面来讲,设计师要本着一切为孩子的原则,儿童产品造型设计必须吸引儿童的注意力,比如造型活泼可爱又充满趣味性,色彩鲜艳,功能多样化,也可以在游戏内容上结合儿童熟悉的动漫角色来吸引儿童的兴趣,增强他们对于产品的喜爱。本文将从以下几方面来具体分析儿童产品的设计要素。

1. 艺术形态要素

艺术形态是指用户感受到的外部形式，这种形式由塑造艺术形象的各种媒介所决定。儿童产品设计的艺术形态主要指造型、色彩、材质等。

（1）造型圆润可爱的设计

儿童喜爱的卡通动漫造型以夸张的手法放大某个特征，比如大肚便便的熊大、熊二，为了强调憨态可掬的形象刻意把熊的肚子夸张绘制。儿童产品设计中圆润可爱的造型既满足了低龄儿童生理安全性需求，更是满足了他们对形状认知的喜好。例如，Dash & Dot 可编程机器人造型为圆滚滚的呆萌模样，保证儿童在玩耍中不易造成身体伤害。

（2）色彩鲜艳明快

色彩鲜艳的产品更能吸引儿童的注意力，还能使儿童学会色彩联想，深受儿童喜爱。例如，看到红色会联想到火焰，看到蓝色会联想到大海，看到绿色会联想到森林，看到橙色会联想到橘子，这些颜色代表积极向上的正能量，也迎合了儿童心理。

（3）材质要素

设计中，材料和工艺是构成产品美学的重要因素，如何合理地将材料和工艺的优势应用到儿童产品设计中是设计师需要考虑的问题。这是现代高水平工业生产技术和现代化审美观念的融合。不同材质给予人们不同的感觉，例如塑料给人以温润、光滑的感觉，金属给人以厚重、坚硬的感觉，有机玻璃给人以透亮、光泽、清澈的感觉，木材给人以轻便、朴素、温暖的感觉。在儿童产品设计中，要充分考虑材料的安全性、质地、工艺等各种因素。

2. 智能化要素

随着信息技术的高速发展，儿童产品结构也在发生变化。国内儿童产品从造型传统、功能单一、无差异性的低端产品逐步向智能化、多功能化、益智性的方向发展。

著名心理学家霍华德·加德纳（Howard Gardner）提出的多元智能理论[①]，

---

① 传统的智能理论认为人类的认知是一元的，个体的智能是单一的、可量化的，而美国教育家、心理学家霍华德·加德纳在 1983 年出版的《智能的结构》一书中提出，"智能是在某种社会或文化环境或文化环境的价值标准下，个体用以解决自己遇到的真正的难题或生产及创造出有效产品所需要的能力"，每个人都至少具备语言智能、逻辑数学智能、音乐智能、空间智能、身体运动智能、人际沟通智能和自我认识智能，后来，加德纳又添加了自然观察智能。这一理论被称为多元智能理论。

从科学的角度找出儿童在八大智能方面的特征（如语言、逻辑、空间、运动等），每种智能的发展有其独特的顺序，在儿童的不同时期发展成熟。随着 STEAM 理念对儿童教育的渗透，加上科教元素的智能产品可以教孩子们在玩中学习编程等知识和技能。例如，费雪公司推出一款 Think & Learn Smart Cycle 智能单车，通过蓝牙自行车能与平板电脑或者流媒体电视设备实现快速配对，通过蹬脚踏板骑自行车的体感运动来控制游戏的进程，智能单车游戏的教育性目的是让孩子通过选择字母的方式认识新的单词，并且在游戏结束后复习新认识的单词，从而达到身体运动智能、语言智能、自然观察智能的发展。另一款名叫 Leka 的社交型机器人是专为患有自闭症、唐氏综合征或多重残疾的儿童设计。Leka 可以提供感官刺激，以帮助有特殊需要的孩子更加独立，改善他们的运动和社交能力，同时可以为他们提供互动式的教育游戏，其最酷炫的一种功能就是可对每个游戏难度进行定制。

移动互联和多媒体内容给儿童产业带来的冲击越来越大，儿童产品智能化和互动化发展趋势明显，儿童产品设计师应该引领产品的潮流和发展，利用网络、手机 App 智能功能、传感器等，去实现新型自然交互的玩法，并配合内容 IP 增加产品代入感和吸引力。

3. 安全性要素

儿童产品的安全直接关系到儿童的身心健康。儿童身体发育不成熟，安全防范意识较差，身心容易受到外界环境的伤害。大多数儿童与产品互动时都按照自己的行为方式去触控、摆弄、摔打，自我控制能力较差。一些儿童产品带有螺丝、绳索等潜在危险零件。因此，儿童产品的安全问题尤其重要。安全性高的儿童产品设计是儿童产品市场发展的大势所趋。

（1）产品结构合理

儿童产品的内部结构牢固合理，可以避免因为小零件的脱落造成儿童误食或其他安全伤害。例如内部装有传动装置的产品，在产品结构设计时应该考虑封闭的结构，危险部位应保证缝隙大小手指不可伸入。

（2）产品形态圆润

产品表层不应该出现尖锐棱角、过大缝隙，避免儿童与产品交互的时候身体受到伤害。此外，儿童产品的形态不宜太小，以防儿童误食。例如，产品表面采用整体喷漆处理，整个产品给人圆滑、稳定和舒适安全的感觉。

（3）产品材料安全

非环保材料、含有大量重金属的材料会对儿童生理健康产生危害，儿童产品在材料应用上要选择无毒无害型材质，比如产品表面涂层保证安全无毒，尤其是铅、汞等重金属元素含量要符合安全标准。例如，葡萄探索号智能魔方，材料采用食品级硅胶，外形圆润光滑，触摸无一丝卡顿，耐摔度也很高。

4. 寓教于乐要素

儿童在玩耍中学习是最佳的学习状态，寓教于乐的产品区别于其他儿童产品最重要的一点就是智力开发，儿童在与此类产品互动的过程中，智力发展潜移默化地受着产品的影响。因此，儿童产品设计师应该充分考虑产品娱乐性和教育性的完美结合，这也是孩子与父母的契合点，符合亲子关系共同的需求。例如，美国极受欢迎的 Learning Resources 齿轮产品，不仅是一套平面的积木，而且可以让孩子像个建筑师那样，在三维空间内进行自由拼搭。孩子像个机械师，能使搭完的积木全部转动起来，在整个搭建过程中需要动脑筋想办法保证齿轮联动。儿童在游戏中可以了解几何、工程、科学、物理、机械、联动、顺时针这些科学概念。将枯燥的科技知识转化为好玩不枯燥的游戏，非常好地抓住了孩子的好奇心，并且鼓励他们了解这个世界是如何运作的，是一套特别棒的STEM产品。儿童产品设计需要了解儿童的智力水平和认知特点，同时熟知儿童对产品的选择喜好，比如了解孩子们喜欢的产品是能够感官互动的、容易操作的，太复杂的产品有时让儿童有挫折感，而太简单的产品容易让儿童失去兴趣。

第3章 儿童产品交互设计用户研究

本章为基于实体交互产品的儿童群体大数据研究分析，首先详细剖析了儿童用户，全方位地采集儿童发展研究数据，并以低龄儿童为例，基于其生理、心理、认知、游戏发展数据分析的结论建立 Kidsplay 儿童发展研究数据平台。本章的实验研究数据采集、调研分析为设计提供了大量丰富的用户模型信息，为儿童发展研究数据平台设计奠定了基础。

从第2章讨论可知，目前交互技术的发展给传统的儿童产品设计带来了新的机遇，各大科技公司也纷纷尝试利用先进的算法来优化儿童产品的各个方面，但儿童产品设计师面临的最大问题是缺乏对儿童需求的了解，尤其是低龄儿童常常无法准确表达自身需求，他们的感知、运动控制 ① 能力及认知和智力水平也是有明显差异性。因此，在实体交互设计方法论层面为儿童产品设计提供解决方案是本章研究问题的本质。

本章内容按照如下方式组织：首先，面向儿童的数据采集与分析，通过访谈、问卷调研和实验观察三种用户研究方法，给出符合儿童肖像特征的用户模型；其次，基于儿童数据的采集和分析建立了儿童发展研究数据平台——Kidsplay，并且记录了平台建立过程与最终呈现的系统模型。

3.1 儿童的数据采集与分析

设计强调"以人为本"，是以用户为中心。儿童产品设计不仅要打造具有特色的产品形态，而且要满足不同年龄阶段儿童的不同需求。设计师通过对儿童心理活动、行为特征的观察与捕捉，发掘儿童群体中潜在的生理和心理等需求，用于指导新产品的开发设计。儿童的游戏特征与成人游戏特点完全不同，本节主要采用访谈、问卷调查、实验观察等研

---

① 运动控制（motion control，MC）是自动化的一个分支，它使用通称为伺服机构的一些设备如液压泵、线性执行机或电机来控制机器的位置或速度。运动控制在机器人和数控机床的领域内的应用要比在专用机器中的应用更复杂，因为后者运动形式更简单，通常被称为通用运动控制（general motion control，GMC）。

究方法探讨儿童在实体交互式游戏中的需求特点和行为方式，从不同维度整理出适合儿童交互式产品的设计数据，建立相应的数据分析平台与儿童角色模型，以使儿童在游戏中能获得更好的游戏体验，从而达到更好的寓教于乐的效果。

3.1.1 访谈及问卷调查

1. 访谈设计

访谈是研究者根据设计研究所确定的要求与目的，按照访谈提纲，通过单独面对面访谈或集体交谈，系统而有计划地搜集资料的一种方式。儿童访谈是进行用户数据搜集的直接方式。本次访谈目的是了解该年龄段儿童的感知能力、认知水平、智力水平。

访谈对象：北京师范大学实验幼儿园回龙观校区年龄 3—6 岁的儿童，共 60 名。

访谈方法：每次访谈时间为 2—4 小时，单人访谈时长约为 20 分钟，频率为 2 次 / 周，总时长为 4 周。记录方式为录像、笔录等。针对学龄前儿童的认知能力，研究人员绘制了相应的认知卡片，配合访谈提纲内容使用。（图 3-1）

访谈内容：基于早期数字诊断工具（early mathematics diagnostic kit, EMDK）对儿童在感知集合、数的概念、空间方位、分类排序、符号表征等早期数学认识方面的能力进行调整，了解儿童感知能力、智力水平。（表 3-1）

访谈总结：理解儿童，第一步就是接触他们并观察认知行为特征。通过与学龄前儿童的单独面对面访谈，初步了解了该年龄阶段儿童的特征，为进一步对儿童游戏喜好的研究奠定了基础。从年龄、感官认知特征等方面将被访谈的内容分析总结如下。

① 3—4 岁儿童具有极强的感知力，对色彩、图形能够辨识；数学运算能力在 10 以内；渴望视、听、触、嗅觉信息；理解文字与画面对应表达的意义；喜欢无逻辑涂涂画画，用涂画表达意思。

② 4—5 岁儿童拥有更为熟练的行动技能；对色彩、图形辨识较敏感；数学运算能力在 50 以内；喜欢模仿成人的行为；有性别意识；能根据连续画面信息讲故事情节；喜欢用图画符号表达意愿和想法。

③ 5—6 岁儿童能理解符号语言，色彩、图形辨识能力强；数学运算能力在 100 以内；动作技巧灵活；能准确表达自己的看法；喜欢图画符号表达事物、故事等。（表 3-2）

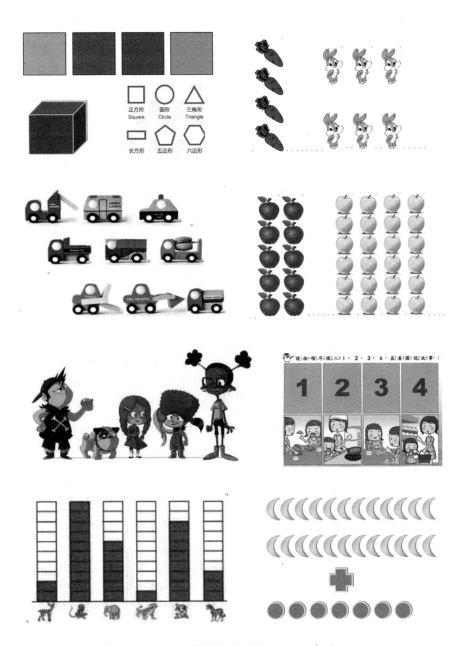

图 3-1　学龄前儿童访谈认知卡片

表 3-1 儿童访谈提纲

序号	访谈问题
Q1	请说出自己的姓名、年龄
Q2	请说出图片中的颜色是什么（识别 2 种以上）
Q3	请说出图片中的形状是什么（识别 2 种以上）
Q4	请说出图片中的这些是什么（分别指着图片左侧的胡萝卜、右侧的兔子）
Q5	如果你养了图片中的这么多只兔子，这些胡萝卜够每个小兔子一根吗
Q6	请说出图片中的小汽车哪辆排第一，哪辆排最后，哪辆排第二
Q7	请说出图片中有几个苹果，吃了两个还剩几个
Q8	请说出图片中的小朋友哪个高，哪个矮
Q9	请看一下四张图画的故事，按照故事发生的顺序排列一下
Q10	请看一下图片中小朋友们喜欢小动物的统计图，有多少小朋友喜欢狗呢？喜欢哪种小动物的小朋友最多
Q11	请说出图片中这是几个，请你写一下

表 3-2 儿童用户访谈总结

年龄	特征	阅读习惯	理解能力	书面表达
3-4 岁	极强感知力，渴望视、听、触、嗅觉信息，对万物充满好奇	主动要求成人讲故事，喜欢韵律感强的儿歌，爱看卡通视频	能听懂短小儿歌和故事，会看图说话，理解书中画面表达的意义	喜欢无逻辑涂涂画画，用涂画表达意思
4-5 岁	行动技能更为熟练，喜欢模仿成人活动，有性别意识	反复看自己喜欢的内容，喜欢给别人讲故事，知道标识符号的意义	大体讲出听到的内容，根据连续画面信息讲述故事情节，并因故事内容而产生喜悦、担忧等情绪	喜欢用图画符号表达意愿和想法，需要成人提醒保持姿势正确
5-6 岁	能理解符号语言，不擅长阅读，动作灵活，有逆反心	专注阅读，喜欢与人交流故事内容，对图书文字感兴趣，知道意义	说出主要内容，猜想故事进展，表达自己的看法，能感受语言美	喜欢用图画符号表现事物和故事，能基本正确书写自己名字，写画姿势正确

2. 问卷设计

问卷调查是通过对较大数量的人群进行数据的搜集，包括用户的观点、态度、喜好、个人情况等，既可以是抽象的观念，也可以是具体的习惯或行为，总结分析出与产品设计、用户界面和可用性设计相关的信息。本次问卷调研是基于访谈框架，采用半结构问卷的方式，由研究员根据儿童的回答填写问卷。问卷调研目的是更进一步深入了解学龄前儿童对产品的个人喜好以及幼儿的游戏行为习惯等方面情况。

问卷对象：北京师范大学实验幼儿园回龙观校区、红黄蓝北京防化幼儿园、北京市某商场等 3—7 岁幼儿，共计 109 名，其中男孩 59 名、女孩 50 名。

问卷方法：问卷采用半结构问卷，研究者入园当面与幼儿交流，按照问卷格式和要求记录被调查者的各种回答。每次调研时长为 2—4 小时，单人访谈时长为 20 分钟，记录方式为笔录。针对学龄前儿童阅读水平和具象思维方式，研究人员在选项中提供了相应的具象形态图片选项，配合问卷提纲内容使用。

可获资料：收回 109 份有效问卷，选择题目的数值与开放性问答题目内容，符合定量和定性分析标准。

问卷内容设计依据及框架：问卷设计基于前面章节的理论分析和访谈，研究目的是了解学龄前儿童自身的产品喜好及对游戏的认知喜好等内容。其中发给学龄前儿童的问卷选项设计是具有直观可视性、趣味性的，因为要考虑到幼儿的阅读水平和理解能力。问卷调研主要从被访儿童基本信息、游戏行为、产品喜好、艺术形态认知和对儿童产品的看法五个方面来进行。（表 3-3）

问卷调研总结：通过数据统计分析，量化儿童对交互产品游戏行为的喜好和需求，以探索儿童产品设计。针对 3—7 岁年龄段的儿童产品调查的分析结论如下。

①本次问卷调查共计 109 人，年龄分布为 3—7 岁，其中 4—6 岁儿童约为总人数的 68%，占比较大，男孩和女孩受访比例较为均衡。69% 的儿童非常喜欢和同伴玩游戏。儿童喜欢的游戏类型迥异，男孩喜欢积木、汽车、电子类游戏和体育类活动等，女孩喜欢积木、过家家、娃娃等，积木为较中性受欢迎儿童产品。

②积木类与玩偶类产品为低龄儿童最喜欢的娱教产品，儿童喜欢的产品造型以人偶为主，低龄儿童对动物造型产品接受度颇高，6 岁及以上儿童对抽象卡通造型接受度颇高。颜色好看为最吸引儿童的产品特征，

表 3-3　儿童问卷提纲

基本信息	游戏行为	产品喜好	艺术形态认知	对儿童产品的看法
姓名	请问你喜欢和小朋友一块玩游戏吗	请选择你喜欢的产品类型	请选择你平时最喜欢的产品造型	请选择你最希望的产品特点
年龄	请说出你平时喜欢的游戏有哪些	请选择一种你平时喜欢玩的产品	请选择最吸引你注意力的产品特征	请你设计一款产品，你希望它具有哪些功能
性别	请说出你平时喜欢和谁一起玩玩具	请选择你平时玩玩具的频率	请选择你最喜欢的颜色	请说出目前你都有哪些娱乐产品，其中你最喜欢玩的是什么
访谈时间		请选择你平时玩游戏的地点	请选择你最喜欢的图形	请说出你最想要的理想游戏产品是什么样的
		请选择你喜欢的积木风格的图片	请选择你喜欢的产品材质	
		请选择你喜欢的乐高产品系列		
		请选择你对乐高产品的感受		

其次为形状好看、会动和有趣的产品。由此看出视觉为儿童主要的交互通道。低龄儿童更喜欢互动简单、好看、有趣的产品，年龄越大对功能越关注。低龄儿童对毛绒、塑料材质产品更喜欢，其中绝大多数女孩喜欢毛绒类，绝大多数男孩喜欢塑料类。

③低龄儿童偏爱具象风格的主题产品，如乐高的城市系列消防车主题、creator 建筑系列。从设计上来说，儿童更喜欢颜色好看、造型可爱、可以分享给爸妈的产品样式。学龄前儿童普遍认为建构游戏锻炼了他们的动手能力，可以一边玩一边学习，还可以和同学合作，很开心。

④研究表明色彩喜好方面，低龄儿童偏爱蓝色、紫色、黄色、红色等颜色，其中男孩喜好蓝色、绿色，女孩喜好红色、紫色等。图形喜好方面有显著的性别差异性，男孩喜欢枪械、汽车等图形，女孩喜欢花朵、猫狗等图形。对于抽象图形，男孩比女孩更容易接纳。低龄儿童玩玩具的频率随着年龄的增长而递减：3 岁儿童每天几乎全部时间都玩玩具；而 10% 的 7 岁幼儿已经很少玩玩具，其中超过 60% 的儿童经常在家玩

游戏。

根据文献理论及访谈和问卷调查数据，本研究对学龄前儿童的产品喜好和游戏特征有了初步的概括和总结。（表3-4）然而对于益智类积木产品设计还需要更深层次挖掘儿童在玩游戏过程中的认知心理、情感体验因素等。在接下来的研究中，研究者将采用实验观察法进一步获得学龄前儿童在玩益智游戏过程中最真实的情感特征、认知特点及游戏技能等。

表 3-4　儿童产品喜好及游戏特征

特点	具体表现
积木是最受欢迎的中性产品	积木作为学龄前儿童喜爱的产品，不受性别差异的影响，是受欢迎的益智中性产品类型
喜欢材质舒适、柔软的产品	学龄前儿童较喜好柔软的材质，儿童产品材质以塑料为主
蓝、黄、紫、绿色为儿童喜好色彩	学龄前儿童喜好的中性颜色为蓝色、黄色、紫色、绿色。图形受性别影响差异较大，男孩喜欢汽车、枪械，女孩喜欢玩偶、花朵等
游戏情境以具象为主	学龄前儿童认知较为具象，喜欢情境游戏，产品设计要突出主题，有具象的生活场景
产品交互方式以视觉通道设计为主	学龄前儿童容易被色彩鲜明、造型活泼、会动的产品吸引，交互方式可以考虑以视觉为主的多通道设计
喜欢多样的游戏体验	学龄前儿童产品设计要创建多样的游戏体验并且灵活多变，这样才能激发儿童的兴趣和好奇心

3.1.2 游戏行为实验观察与分析

积木建构游戏是深受学龄前儿童喜爱的一种益智游戏。本研究采用实验观察法，从学龄前儿童搭建积木的技能、创造力水平、游戏情感体验等方面分析儿童积木游戏的发展趋势，了解学龄前儿童生理、心理、认知、情感体验的特点，为进一步设计儿童交互产品、指导儿童积木游戏提供理论依据。

实验目的： 通过观察学龄前儿童搭建积木游戏过程，来更直观地获取儿童认知相关资料，了解积木游戏中儿童生理、认知行为、情感体验等方面的特点，以及儿童积木搭建过程中的各种问题，为幼儿建构类产品设计提供理论依据。

实验对象： 红黄蓝北京防化幼儿园4—6岁儿童，共计61名。其中，4岁儿童20名，男女各10名；5岁儿童20名，男女各10名；6岁儿童21名，男孩11名，女孩10名。

实验过程： 研究人员提供150块不同形状的单元积木，请儿童选择一种积木材料在15分钟内搭建自己的家园。预实验中邀请4名被试儿童在规定时间完成任务。在儿童搭建积木的过程中，主试分别在游戏开始后的第3分钟和第8分钟提醒被试搭建的主题。第一步进行预观察。预观察4名儿童搭建积木的过程，观察儿童在规定时间内搭建能力是否满足命题要求，参照搭建水平最高的幼儿作品进行预评估。第二步进行正式观察。作者一次只能带一名被试到游戏活动室，利用活动室桌面提供的积木材料进行游戏搭建。游戏开始前，笔者向被试介绍各类积木材料并展示参照物，要求幼儿用已有积木进行命题搭建。全程录像最长时间15分钟，其间记录搭建过程中用到的搭建技能、搭建行为、情绪变化原因、完成作品时间、积木数量、材料、遇到问题等。通过分析每一次建构过程以及最终作品的照片，我们收集作品搭建水平、创造力水平、情感体验、形状组合等数据并且进行处理分析。

可获资料： 收回61名幼儿游戏视频、拍摄的作品照片以及观察过程中记录所得的纸质文本材料。（图3-2）

实验总结： 经过实验研究，对学龄前儿童搭建积木的技能、创造力水平、游戏情感体验等方面的分析总结如下。

（1）儿童积木建构发展水平分析

本实验 I 采用凯西（Casey）和安德鲁斯（Andrews）的积木搭建水平测验工具来评测儿童的积木建构水平。4—6岁儿童的积木建构水平为2—5分（满分9分），积木建构方法按所占比重大小依次排列为：多维垂直垒高、水平铺排（23%），实心塔层（20%），架空（15%），围拢或有规律围拢（15%），三维围拢半围拢+顶（8%），三维水平围拢（7%），三维结构由拥有内部空间的二维结构组成的三维结构（5%），三维水平围拢由两块积木高+顶+内部空间（5%），单维垂直垒高和延长（3%）。这一实验结果表明4—6岁的学龄前儿童搭建积木水平尚未达到良好的水平（中等偏下），技能处于二维结构向三维初级结构过渡的阶段。（表3-5）

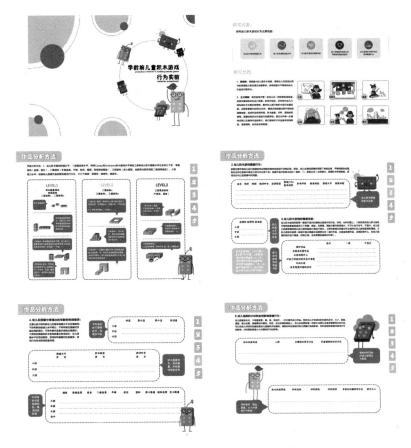

图 3-2 儿童积木游戏实验指导书

表 3-5 儿童积木建构发展水平

积木建构等级	积木建构水平	人数	各水平百分比	各等级百分比
等级一（单维）	1	2	3%	3%
等级二（二维）	2	14	23%	53%
	3	9	15%	
	4	9	15%	
等级三（三维）	5	12	20%	25%
	6	3	5%	
等级四（三维围拢）	7	5	8%	20%
	8	4	7%	
	9	3	5%	

4—6岁学龄前儿童积木建构水平发展因年龄与性别而产生的差异如下。本实验结果表明4—6岁儿童搭建技能平均分有显著年龄差异，采用单变量方差分析，以搭建技能平均分为因变量，以性别（男、女）和年龄（4、5、6）为自变量进行分析。年龄主效应显著，$F_{(2, 55)} = 8.705$，$p = 0.001$，$\eta p2 = 0.240$，6岁儿童显著高于4岁儿童（$p < 0.001$），4岁儿童边缘小于5岁儿童（$p = 0.092$）。儿童随着年龄增长搭建技能平均分显著提升。4岁、5岁儿童搭建水平主要集中在等级二，4岁儿童中无搭建等级最高者，6岁儿童搭建水平主要集中在等级三与等级四，占比分别为40%，由此可见6岁儿童的搭建水平显著高于其他年龄组幼儿。（图3-3）

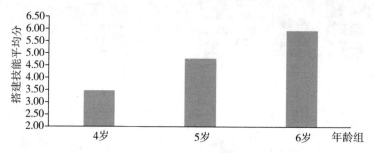

图3-3 不同年龄儿童积木建构发展水平描述

搭建技能平均分因儿童性别而产生的差异不显著，技能等级高的男孩多于女孩，技能等级低的女孩多于男孩。国外罗杰斯（Rogers）等实验研究提出，利用足够多的积木、游戏互动的方式以及合适的辅助材料等因素可以减少儿童在积木游戏中的性别差异。无论是男孩还是女孩，都可以通过积木游戏获得同等的积木搭建时间以及积木搭建经验，在一定程度上减少了性别差异的影响。（图3-4）

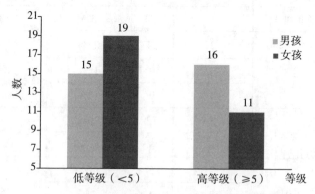

图3-4 不同性别儿童积木建构水平分布

（2）儿童创造力水平的分析

本次实验 II 采用 TTCT-A 图形的评测工具，对 58 名 4—6 岁儿童绘画创造力水平发展能力进行评量，满分为 22 分。本次测试结果显示 4—6 岁幼儿绘画创造力平均分为 10 分，创造力水平最高分为 19 分，表明儿童绘画创造力发展处于中偏下水平。

研究采用单变量方差分析，以绘画创造力水平为因变量，以性别（男、女）和年龄（4、5、6）为自变量进行分析。年龄主效应显著，$F_{(2, 53)}=$ 11.863，$p < 0.001$，$\eta p2 = 0.309$，6 岁儿童显著高于 5 岁（$p = 0.004$）和 4 岁儿童（$p < 0.001$）。性别主效应边缘显著，$p = 0.067$，女孩总体创造力能力得分高于男孩，主要原因是学龄前女孩发育比男孩早，女孩在幼儿园更愿意听取老师指导，学习态度与表现更加认真，学习知识比男孩更加扎实深入。（图 3-5）

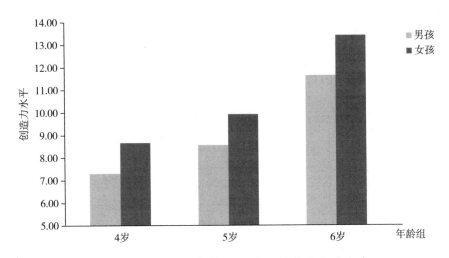

图 3-5　不同性别年龄幼儿绘画创造力水平分布

本研究中儿童绘画创造力水平分为三个维度，分别为流畅性、独创性、精进性。其中流畅性维度中最高得分为 15 分，最低得分为 2 分；精进性维度中最高得分为 4 分，最低得分为 1 分。总体而言，儿童流畅性绘图能力处于较低水平，绘图精进性均值中等偏下，整体创造力水平不高。

（3）幼儿建构水平和创造力水平之间的关系

本研究实验 III 将 58 名幼儿建构水平与图形绘画创造力水平进行关联分析，发现搭建技能和创造力水平处于正相关分布，搭建技能越高，绘画创造力水平越高。另外，把图形创造力水平评估工具应用到积木作品中，即通过三个维度进行评估：流畅性（积木数量）为1—10分，其中搭建积木数量10块及以内为1分，每递增10块数量加1分；独创性（积木拼搭形态）为0—2分，其中拼搭形态出现比例高于10%为0分，拼搭形态出现比例5%—10%为1分，拼搭形态出现比例低于5%为2分；精进性（辅助材料应用及楼层高低）为1—5分，其中单维垒高为1分，添加辅助材料为1.5分，单维楼层高于5层为2分，二维垒高为2.5分，添加辅助材料为3分，二维垒高高于5层为3.5分，三维垒高为4分，添加辅助材料为4.5分，三维垒高高于5层为5分。以此评估工具评测积木作品创造力水平，满分17分，本次研究实验被试最高得分14分。

搭建技能分数和绘画创造力水平、积木创造力水平得分三者之间相关性检验，结果显示三要素两两之间显著正相关：搭建的技能和绘画创造力水平（r = 0.556，p < 0.001）和积木创造力水平（r = 0.735，p < 0.001）显著正相关，两种创造力之间也是显著正相关（r = 0.476，p < 0.001）。（图3-6）由此得出两个观点：TTCT-A图形绘画评量工具可运用于积木创造力水平评量；积木游戏水平提升与儿童创造力水平有显著正相关影响。

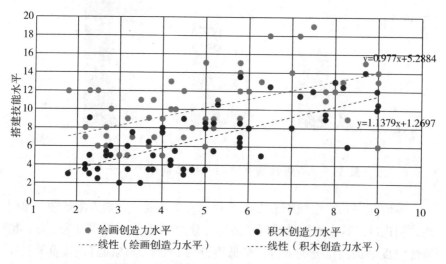

图 3-6　搭建技能与创造力水平的关联

（4）幼儿游戏中的情感体验分析

情感化设计研究是设计心理学视域下对儿童游戏情感体验进行量化分析和设计研究。该研究提炼出三种典型的游戏情感体验类型，游戏搭建水平和情感体验关联性，提出儿童益智游戏情感体验的设计原则，将儿童情感体验设计要素注入产品设计中，加速儿童沉浸式游戏体验。

①感知儿童游戏中的情绪变化层次

游戏情绪体验变化是和交流相关的过程，儿童在与游戏的交互过程中，情绪会有微妙的变化，例如稳定、起伏、沉浸式或自由……研究者依据游戏的体验过程，根据游戏变化进程分为游戏前、中、后三部分，分别记录录像里61名被试的情绪变化。测试量表分为7个等级，1分为愤怒，2分为生气，3分为不高兴，4分为专注，5分为高兴，6分为兴奋，7分为期待。（图3-7）

图3-7　游戏进程中的情绪体验层次

②游戏进程中的情感效果编码

情感由三种成分组成：主观体验（自我感受）、外部表现（面部表情、姿态）、生理反应（情绪变化产生的生理反应与不同反应模式）。本文通过面部表情分析外显情绪和内隐情绪体验。通过对61名儿童的录像，利用步骤一中7级量表对被试在游戏中的情绪的变化进行编码（3分钟编码一次，如3分钟内起伏变化的记录分值、时间点、原因），生成61幅情绪体验变化曲线图。通过分析归纳，提炼出三种典型的情绪变化曲线图：活跃型，情绪易起伏，不稳定，耐受性差；专注型，注意力持久，坚持度高，注意力不易分散；中间型，不符合以上两种类型，对环境和人的适应性、灵活度差，害羞。（图3-8）

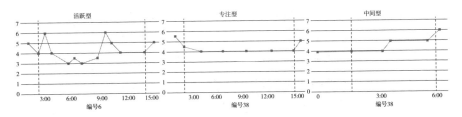

图3-8　三种典型游戏进程中的情感体验类型

此外，通过统计学单因素方差分析法（one-way analysis of variance），检验一个自变量的变化是否使因变量产生显著差异及变化。本次实验中的数据因变量为搭建技能水平平均分，自变量为情感类型（中间，活跃，专注）。结果表明儿童游戏的情绪类型主效应显著，方差齐性检验值 F（2，58）= 3.269，结果可信度值 p = 0.045。同时进行多重比较检验分析，专注型的搭建技能比中间型的儿童搭建技能显著度高，p= 0.042。（图 3-9）由此可见，游戏中情绪专注型的儿童搭建技能水平提升较快。在儿童产品设计中引导学龄前儿童获得专注的情绪体验能达到更好游戏效果，激发儿童游戏兴趣。

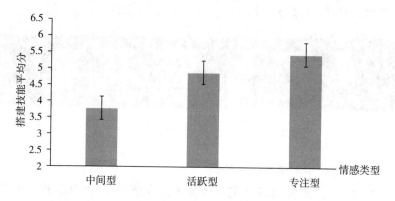

图 3-9　三类典型游戏情感体验者与搭建技能的关联

③游戏情感触点设计因子提取

积极正面的情绪有利于激发儿童学习的兴趣，促进游戏的互动性；同时适度消极的情绪对游戏是非常有帮助的，一方面可以增强儿童游戏的感官体验，另一方面也锻炼了儿童面对、处理、控制消极情绪的能力。因此，在儿童产品设计中要考虑情感化设计因子如何融入儿童游戏互动中，并且应用于儿童产品的设计和开发中。在本次实验中，61 名被试在游戏进程中情感变化的积极、消极触点关联的设计因子有哪些？分布在哪些维度上？下面以步骤二中的情感体验曲线图为例，提取影响游戏情感变化的触点因子，并且建立触点因子与产品设计的映射关系，过程如下。

A.儿童原始的主观情感获取。首先由 2 名研究员从录像中提取相关的信息。由于儿童情绪的判断较为主观模糊，初步提取的原始材料多是粗糙散乱的，需要经过多次提炼才能转化为合理的、针对性强的设计因子。实验结束后，笔者进行被试的情绪变化触点的数据分析，统计得出情绪起伏触点产生原因的原始口述语句 123 条。然后，2 名研究员一起对 123 条口述语言进行语义学的梳理分析，减去语意重复的条目，整合语意相近的条目。梳理整合完成后，其中 50 条原始语意条目被精简出

来，把条目集合标作 R，R={ rm | m= 1，…，M}，M=50，分析的数据条目为下一步奠定了基础。

B. 从原始的语意条目中精炼设计吸引力条目。被试儿童的情绪起伏的原因是原始的情绪反应和生活化的语言碎片，第一步提取的 50 条语意描述基本为主观的、粗浅的、简略的词句。50 条简略的条目需要翻译成客观的、科学的设计吸引力条目，才能将主观的情绪因素更客观地表示出来。原始的主观情绪被整理提取后，笔者将 50 条原始语意条目进行归纳总结，将标记为 R 的 50 条翻译转化成 38 条设计吸引力条目标记为 I，I={ im | m=1，…，M}，M=38。

C. 游戏情感化设计维度的定义。儿童游戏中的情绪化设计是多个维度设计因子的集合，笔者将在本轮对 38 条吸引力设计因子所涵盖的内容进行定义。实验步骤二已经提炼了影响游戏情感化设计的因子，接下来将应用因子分析法对设计吸引力条目进行维度分类，并且定义各设计维度的分类名称。根据因子分析统计结果显示，提取的吸引力设计条目集 38 项，依据相关性系数的分布可以划分为六个维度，每个维度包含共同描述的语意内容。根据语义学将 38 项条目集翻译为书面化语意集 W，W={ Wa | a=1，…，A}，A = 38，用于描述和定义维度内容。最终笔者将影响游戏情感设计维度所包含的相关情感触点的条目以及权重分类（在所出现情绪变化的触点中，每个维度出现的频率）进行归纳。（表 3-6）

表 3-6 影响积木游戏情感设计的维度分类

设计维度	情感触点条目	分类权重
积木造型设计的多样性	W10. 积木没有搭建成高楼，自己感到不高兴；W14. 积木搭建得很高让自己感到兴奋；W16. 材料可以搭建出不同造型令人感到兴奋；W17. 搭建积木的架空结构吸引力很大；W18. 积木搭建的房子和人偶使自己感到兴奋；W20. 积木搭建的翅膀类可爱造型使自己感到兴奋；W29. 积木搭建出越来越高的空中楼梯使自己感到高兴	15.2%
积木元素设计的美观性	W6. 积木搭建中无合适的几何模块，令自己犹豫如何选择；W8. 积木材料中无适合的色彩搭配，令自己犹豫如何选择；W31. 搭建作品自己感到满意，尺寸适宜；W32. 积木几何体无适合的，但可以用其他几何体替代，使自己高兴；W36. 积木快速搭建使自己高兴；W38. 积木搭建中寻求适宜的积木让人有所期待	14.3%

（续表）

设计维度	情感触点条目	分类权重
积木辅助材料的吸引力	W$_{19.}$ 积木可以有更多的家具辅助材料；W$_{25.}$ 辅助材料中的小马让人印象深刻，还可以与积木拼插；W$_{26.}$ 辅助材料的窗户吸引力较大；W$_{30.}$ 辅助材料搭屋顶让儿童印象深刻	8.1%
积木游戏内容的分享性	W$_{21.}$ 积木游戏互动很高兴；W$_{24.}$ 对作品的分享描述让自己很高兴；W$_{35.}$ 分享的搭建内容让自己高兴；W$_{37.}$ 游戏中喜欢和朋友在建筑区玩耍	22.8%
积木游戏内容的挑战性	W$_{1.}$ 搭建中突然倒塌使自己着急；W$_{2.}$ 作品拆散又重新搭建，自己感到着急；W$_{3.}$ 搭建中不知道该怎么搭，令自己不高兴；W$_{4.}$ 材料结构连接困难，自己需要寻求帮助；W$_{7.}$ 游戏时长不够，建造过程缓慢；W$_{27.}$ 游戏过程使自己感到高兴；W$_{33.}$ 搭建中突然倒塌令人感到有趣	18.6%
积木游戏内容的渐进性	W$_{5.}$ 游戏中情绪紧张，拒绝沟通；W$_{9.}$ 对游戏失去兴趣；W$_{11.}$ 游戏使自己感到期待；W$_{12.}$ 在游戏中很有成就感；W$_{13.}$ 游戏很有吸引力；W$_{15.}$ 游戏结束后感到很兴奋；W$_{22.}$ 自己对作品感到满意；W$_{23.}$ 游戏作品完成时自己很高兴；W$_{28.}$ 作品没有搭完，但感到满意；W$_{34.}$ 游戏很有新鲜感	21.0%

3.1.3 基于数据分析的用户模型

用科学的方法构建用户模型是儿童产品设计的迫切需求。用户模型（persona）又称为"服务角色扮演"，是 IDEO 设计公司和斯坦福大学设计团队进行 IT 产品用户研究所采用的方法之一。交互设计之父阿兰·库珀（Alan Cooper）最早提出了"用户角色"的概念。库珀认为建立一个真实用户的虚拟代表，即在深刻理解真实数据的基础上"画出"一个虚拟用户，可以针对目标用户群体进行产品开发或者服务设计，做到按需量产、私人定制、构建企业发展的战略。

构建用户模型主要是基于调研数据的定量和定性分析，主要有四个步骤，分别是整理数据、拼合用户角色特征表、细化用户模型和验证用户模型。（图 3-10）本节先通过对某年龄段儿童的深度访谈，收集最原始的定性数据（即最原始的用户画像），再通过问卷调研、自然观察法等定量研究对所得到的用户画像进一步细化，从而逐渐完善和明确儿童的用户模型。用户模型构建的思路具体如下。

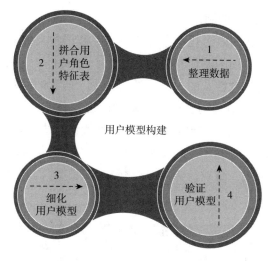

图 3-10　用户模型构建方法

1. 整理数据

在用户调研工作结束后，整理数据首先进行儿童类别的区分。儿童用户类别的区分有利于把理性烦冗的数据特征与设计师脑海中的用户角色形象关联起来，有利于对数据的归纳提取，使数据在分析归纳后快速地创建出用户模型。本次调研初步确定的儿童类别为 4—6 岁的学龄前儿童，游戏通常是这一阶段儿童的典型活动方式。在大致明确目标人群及其基本特征后，便开始进行数据处理，采用亲和图法把大量收集到的事实、意见、构思等语言材料，按其相互亲和性进行归纳整理，主要按以下几个阶段。

（1）用户群体基本特征概念化

人的特征属性属于交叉维度组合，尤其是学龄前儿童与成人的认知水平、感知能力、智力水平完全不同，有显著的人群倾向性特征。通过用户深度访谈的调研数据，研究者初步勾勒出该群体儿童画像的特征：①学龄前儿童在色彩认知方面，具备基本色彩辨别能力，并容易被鲜艳的颜色吸引；②学龄前儿童在数学运算方面，具备数字 50 以内的运算能力；③学龄前儿童在图形认知方面，具备具象图形的认知能力，不具备抽象符号表征的认知能力；④学龄前儿童在分类排序方面，具备对高矮、长短、故事情节等直观对象的分类排序能力；⑤学龄前儿童在空间认知方面，不具备对空间划分、立体构建的认知能力；⑥学龄前儿童在注意力与记忆力方面，具备较强的短时记忆能力，注意力集中时间较短，非常容易分散。

（2）细分归纳图的制作

笔者将收集到的概念化信息做成卡片，邀请参与数据收集的人员一起来进行细分归纳图的制作和讨论。首先，每张卡片只写一条信息，内容包括该年龄段儿童游戏的对象、游戏行为、遇到的问题；其次，将卡片随便贴在墙上供他人浏览以产生新的想法，等总量达到30条后再开始分类排序（图3-11）；最后，按照预先的假设完成几轮分类排序之后，基本得到一个确定的顺序，即学龄前儿童平均每天都会玩玩具，喜欢和好朋友一起做游戏，游戏行为以自然交互为主，玩具费用的支出占到父母为孩子花销的大头。

图 3-11　归纳图初步分类

2. 拼合用户角色特征表

数据整理后，设计师通常会获得几个用户角色模型的草案，在角色模型的对比中不可避免地要淘汰一些利用价值较低的类别。用户角色特征表的出现简化了这一过程，它像产品草图一样，通过寥寥数笔即可勾勒出一个大致的方案，以此来减少方案的产出成本。

（1）细化儿童群体特征的类别

对该年龄段儿童进行概括性细分，对4—6岁学龄前儿童子类别年龄分组进行差异化对比来细化内容。本书通过问卷调研对109名儿童在游戏行为的属性、儿童产品偏好的品类品牌、产品特征和感官偏好等方面来绘制较完整用户画像，从身体发展、心理发展、认知发展、游戏发展等方面了解目标用户，把握核心需求。

（2）创建用户角色特征表

设计师为该年龄段儿童构建角色特征表，将数据分析之后的主要标签摘抄出来，形成这个角色塑造基本信息项目列表。每个年龄段的用户角色特征表要添加接近真实的人物角色信息，尽可能丰富角色信息项目。（表 3-7）

表 3-7 儿童角色特征表

年龄	身体发展	心理发展	认知发展	游戏发展
4 岁	平均身高 110.5 厘米；坐姿 91.8 厘米；臂长 40.8 厘米；手掌长 10.7 厘米，宽 5.7 厘米	游戏情感体验的专注力较低；绘画、建构创造力水平低，两种创造力显著正相关	色彩方面偏好紫色、绿色、黄色；图形方面喜好枪械、猫狗、花朵；材质方面喜好塑料类产品	游戏搭建技能以单维垒高的低水平为主；逐渐开始培养阅读习惯，喜欢积木、捉迷藏
5 岁	平均身高 118.3 厘米；坐姿 93 厘米；臂长 43.9 厘米；手掌长 11.2 厘米，宽 5.9 厘米	游戏情感体验的专注力和活跃性高于 4 岁儿童；绘画、建构创造力水平较低，两种创造力显著正相关	色彩方面偏好红色、黄色、蓝色；图形方面喜好花朵、汽车、猫狗；材质方面喜好毛绒类、金属类产品	游戏搭建技能开始向架空、围拢二维过渡；游戏主题都有涉及，喜欢积木游戏
6 岁	平均身高 122.5 厘米；坐姿 95.7 厘米；臂长 45 厘米；手掌长 11.8 厘米，宽 6.1 厘米	游戏情感体验的活跃性最高；绘画、建构创造力水平显著较高，两种创造力显著正相关	色彩方面偏好蓝色、绿色、红色、紫色；图形方面喜好枪械、汽车、几何形；材质方面喜好塑料类、金属类产品	游戏搭建技能以围拢、三维水平围拢的二维水平为主；对电子竞技类游戏偏好显著提升，喜欢积木游戏

3. 细化用户模型

在用户特征列表完成之后，就可以将这些角色草图发展成为正式的用户模型了。用户模型要包括一些可用于定义的关键信息：目标、角色、行为、环境、典型活动等。这些内容使得用户模型更加丰富、饱满、贴近真实情境，更为重要的是与产品密切相关。首先要确定用户角色的名字。没有名字的人物角色是冰冷、数据化的，名字一方面减轻设计师的记忆负担，另一方面也能够起到标签化的概括作用。为了明确学龄前儿童用户之间的差异性，可以对不同年龄特征的名字加以简单描述，例如，

"腼腆害羞的张子皓""完美主义的王乐乐"分别用来概括4岁和6岁的儿童角色，让角色更容易被识别。其次是挑选用户的照片。要用真实的儿童照片，绝对不能使用漫画、图库的头像，尽可能展示统一风格和拍摄手法的照片。最后便是建立用户文档。可以用一页纸的用户文档作为角色草图到丰满用户模型构建的桥梁。通过具体充实的用户模型特征表，尽可能将原始数据描述都用在用户模型描述的文档中，从而产生用户模型。

4. 验证用户模型

研究者制作一套完整的用户模型后，每个角色都充满了各种信息，有主要和次要的数据、定量和定性的数据、新旧数据，他们可能互相符合，也有可能互相排斥无法融合，因而验证用户模型就显得非常重要。验证用户模型的目的在于保证产出的用户模型（虚拟故事）与真实数据相吻合，尤其是目标儿童群体的特征信息一定要有效地呈现在用户模型的数据中。

模型验证主要采用焦点小组访谈法。研究人员重新回到红黄蓝幼儿园中邀请与用户模型匹配的4—6岁儿童来再次参与积木合作游戏，一共邀请12组（每组2名）学龄前儿童，每组成员由一名目标用户邀请他的一个朋友一块参加。要求他们自由发挥拼搭15分钟，通过自然观察法和问答的方式，直接获取儿童的反馈意见并进行记录，从而更进一步理解和完善用户模型，为下一步以用户为中心的设计打下坚实基础。（图3-12）

图3-12 用户模型验证实验

3.2 儿童发展研究数据平台——Kidsplay

基于前期收集的大量文献数据和深入的用户调研数据，研究者认为关注儿童生理、心理、认知发展的持续性研究是很有意义的事情。本节将详细描述一个儿童发展研究的数据平台——Kidsplay 的建立，通过回溯它的生长过程，来了解"用户调研"是如何渗透在各个环节中的。Kidsplay 是一个基于儿童发展研究数据分析的平台，通过这个平台可以知道不同年龄阶段儿童身体发展、心理发展、认知发展、游戏发展的特征。在这里，用户可以全方位了解儿童产品设计、教育研究、游戏应用等产业所需的儿童设计数据。Kidsplay 是一个专业儿童发展研究平台。

3.2.1 平台定位和使命

1. 平台的定位

在产品设计初期定位很重要，清晰的定位不仅是对目标产品的分析，更是详细描述了产品的使用场景、用户的行为特征、产品的使命等。Kidsplay 的定位是儿童发展研究数据平台，目标用户为数据爱好者、儿童行业公司的设计团队和品牌商的市场部。

2. 平台的使命

Kidsplay 的产品使命是体现儿童发展研究的数据价值，针对传统儿童行业发挥互联网数据的价值，包括从收集儿童认知数据、分析统计儿童特征、传播应用于相关行业、设计有关方案等各个环节。Kidsplay 目前研究的是学龄前儿童、学龄儿童的相关数据采集，未来将持续完善成为各年龄段中国儿童的数据平台，通过免费、开放、严谨性数据分析成果，让数据价值落地，产生真正的社会意义。

Kidsplay 的主要使用场景有两方面。一方面，对数据有兴趣的儿童服务产业相关人士，可以在这个平台上挖掘出一些对儿童产品设计有价值的内容。例如设计师通过对学龄前年龄段儿童身体发展的手部数据、色彩喜好、图形认知数据来设计学龄前儿童的智能手表。儿童培训中心老师了解学龄儿童创造力水平、情感体验等心理数据以及游戏技能发展数据来设计学龄段儿童的编程课程内容。另一方面，儿童心理学、社会学等专业人士在研究儿童发展时，可以了解相关年龄段儿童的生活状态、特点、喜好和需求，上传实验的数据到平台，为产品设计研究提供参数，完善平台数据内容。

3.2.2 平台的诞生过程

Kidsplay 平台的诞生和依托互联网的其他平台一样，有很多设计前的活动，例如确立平台目标、分析目标人群需求，以及组织架构完善数据内容、界面设计等。美国学者杰西·詹姆斯·加勒特（Jesse James

Garrett）将网页开发体验设计的流程定义为五个层次，由下至上分别为战略层、范围层、结构层、框架层、表现层。（图 3-13）

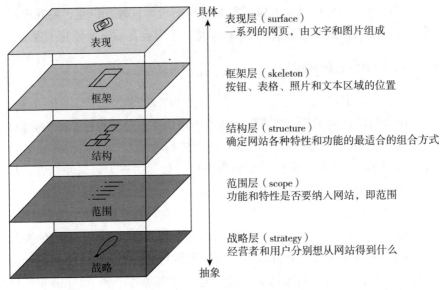

图 3-13　用户体验的要素 ①

用户调研融入产品研发的每个阶段，从最开始的战略层需求收集到范围层的功能定义，从交互信息架构的设计到具体界面的视觉设计，每一个环节缺少了用户调研都有可能造成产品功能偏离用户需求，这将带来平台迭代的返工。如果平台上线以后才发现问题，那将是巨大的损失，不仅浪费了大量设计和开发资源，还消耗了用户的信任，用户很可能就再也不会回来了。迭代式调研是保证产品存活的关键。Kidsplay 平台诞生的具体过程如下。

1. 战略层设计

Kidsplay 儿童数据平台的目标用户为数据爱好者、儿童产业设计团队及品牌商的市场部；用户核心需求为通过数据平台了解儿童发展研究各方面的特征，针对传统儿童行业产品设计发挥出互联网大数据的价值。Kidsplay 的目标用户相对小众，针对目标用户进行深度访谈即可，甚至笔者本身也属于目标用户的核心群体。

① 参见 [美] 杰西·詹姆斯·加勒特《用户体验要素：以用户为中心的产品设计（原书第 2 版）》，范晓燕译，机械工业出版社 2011 年版。

2. 范围层设计

Kidsplay 是较新型的数据类平台网站，产品最核心的功能是呈现儿童发展的研究数据（目前主要采集的是学龄前儿童和学龄儿童的部分类型研究数据，以后会持续性扩展更新）。此外，Kidsplay 为基于数据研究的儿童产品提供解决方案，目前主要聚焦在娱乐、教育等设计领域（在第 5 章详细展示）。平台的首页包括导航、重点栏目、重要新闻、登录注册等常规版块。在设计重点栏目时确保已经收集的数据是清晰的，期望有一半以上的网站访问者是以重点栏目为中心，20% 以导航为中心，其余是混合型，关注重点栏目的用户目的明确，想找到自己想要的东西。

3. 结构层设计

Kidsplay 的数据平台功能优先级排序已经清晰，主要流程为用户通过首页导航目录或重要栏目的四个快捷入口来查找相关数据，以及通过"解决方案"导航来了解基于数据研究的儿童产品设计方案。

4. 框架层设计

Kidsplay 平台最重要的就是首页设计，它是整个数据平台的枢纽，而首页中的重中之重是儿童发展研究的重点栏目。因此，需要把重点栏目——身体发展、心理发展、认知发展、游戏发展四个不同类型的数据入口放在核心位置，让用户一眼就关注到。除此之外，导航目录作为信息架构的一级内容，也应该放在界面易于阅读的区域。

5. 表现层设计

Kidsplay 的视觉设计方案主要从三个方面来考量。

（1）界面设计的一致性

将平台风格定位于可爱简洁的儿童网站设计，横幅广告（banner）采用儿童涂鸦式背景设计强化主题，菜单栏等入口运用图形图标设计语言易读、易识别，也符合整体风格的定位。

（2）重要信息对比化设计

平台首页的四个重点栏目通过夸张尺寸、高分辨率的图标化设计来与页面其他元素形成差异化对比。二级页面中的统计分析报告，运用大量统计图表的信息设计与文字内容形成对比，更易读取，更易直观理解。

（3）标准化配色排版

平台整体配色方案以嫩绿色（#4AB301，基调）搭配橘黄色（#FFD02E，配色）为主体颜色，通过明快醒目的色彩传达儿童产品的特色风格。文字统一采用黑色，正文字体采用微软雅黑，Logo 和标题化字体采用腾祥金砖黑简，英文字体统一采用 Berlin Sans FB。排版方面，首页采用简洁骨骼型排版，通过分割 banner 和放大重点栏目，明确首页的各部分主次关系，有较好的对比性，使整体画面不单调和拥挤。

3.2.3 平台系统上线

在交互细节和视觉设计完成后，研究者进行了网站的开发测试，产品已正式上线，用户可以通过网址"www.databasechildren.com"浏览相关数据，如需下载并查阅全部文档可添加首页微信公众号申请用户名和密码。在产品上线后，建立用户反馈渠道、维护用户群、后台数据监测、埋点记录用户行为等都是很有必要的。最终确定的 Kidsplay 产品方案，设计的视觉元素丰富了很多，有柱状图、面积图、条形图等信息可视化元素，同时把内容按类别整理归纳，来清晰有效地传达研究的数据。后期，平台将持续完善、更新各项研究数据，并且建立微信用户群，把网站的设计师、工程师、科研工作者一起邀请进来，通过与儿童互动实验研究来更深刻地感受用户需求，为儿童教育和产品设计提供更优秀的解决方案。同时，在数据平台上建立用户反馈平台，通过这个渠道了解平台浏览者的问题、收集更多有价值的需求，网站管理者可以通过这个平台回复用户的问题，并与用户建立联系和互动。此外，通过这个平台渠道还可以招募被试志愿者，甚至直接在用户群做一些小型的用户研究工作。

第4章 儿童产品交互设计模型

本章基于适合儿童产品设计的交互模型进行深入的研究和分析。首先，对交互模型的意义、现有交互模型分析、儿童产品交互模型构建的基本要素等方面归纳出儿童产品设计的交互系统模型，即以儿童用户、产品、交互三元素为核心构建的儿童产品交互设计模型，从如何构建不同年龄阶段儿童的用户模型，到儿童与产品的交互形式（感官、行为、情感、空间）及与其对应的设计内容，再到儿童产品的交互设计原则等，让交互设计师们用最短的时间了解儿童产品设计的重点。其次，对产品交互模型中的四种交互形式详细阐述，分别从感官交互中的视觉、触觉、听觉、嗅觉设计描述了儿童主要的感官交互通道及其案例；对游戏行为交互中的行为特征简单化、自然化、趣味化进行剖析及其案例分析；分析总结情感交互中的本能、行为、反思三个层级特点及其情感交互流程；分析总结空间交互中的儿童生理特点、审美特点、游戏类型特点及其案例分析等，归纳分析了儿童产品设计的交互方式。最后，基于儿童的生理、心理、认知、行为特点，对交互模型中的儿童产品设计原则进行了研究分析，提出了易用性、参与性、反馈性、安全性、趣味性的五大交互设计原则。原则作用于不同层面，上至普遍的设计规范，下到交互设计的细节。本章儿童产品的交互设计模型为研究课题的重点成果，为下一章儿童产品的交互设计案例提供了理论基础与整体思路。

4.1 儿童产品的交互系统模型

本节从人机交互系统模型构建的意义以及现有模型的对比分析出发，研究儿童、产品、交互行为之间的关系，并且提出儿童产品交互系统模型的基本假设整体框架。

4.1.1 模型构建的意义

实体交互产品设计，先要理解实体交互设计中涉及哪些活动因子、活动因子之间的关联性，以及完整的开发流程。交互设计模型指的是涉及交互产品设计中的各种设计因素及各因素之间关联的理论模型，基于交互设计的理论模型是产品设计实践的基础。例如，儿童是信息社会中庞大而特殊的群体，而这一人群产品搭载的智能产品却只是在模仿成人智能产品的模式，缺乏针对儿童人机交互认知壁垒的关注。因此，设计儿童的交互产品时，就需要构建新型的交互模型，提供更规范化、更人性化的产品。这种理论模型并非抑制了创新能力，而是为创造力的发挥提供了一个更成熟的体系。

目前的交互设计中人机交互系统和软件工程相关领域，人们开发了许多交互系统模型，不论看起来简单或复杂的交互模型都是现实产品系统的简化表示，是一种现实的抽象理论，所有好的抽象模型都简明扼要地阐述了交互系统的核心特征。例如，来自英国尤比亚大学的大卫·比杨（David Benyon）教授在《交互系统设计》（*Designing Interactive System*）一书中，将人机交互的四个要素分别为人（people）、人的行为（activity）、产品使用场景（context）和技术（technology）等，构成的交互系统模型简称为 PACT。PACT 交互系统模型目的是支持特定的交互行为，满足用户与产品、用户与用户之间的交互需求，从单纯的"使用产品"到"体验产品"。在交互的过程中，"人"是交互的主体，"产品"是交互的载体，交互系统利用人的"行为"与产品的"技术"连接用户与产品。行为或行动受技术的制约与影响，技术的变化会导致行为的改变。（图 4-1）

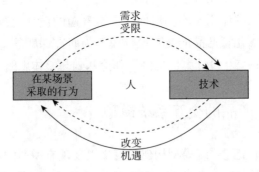

图 4-1　PACT 交互系统的关系图 ①

设计能够符合用户交互体验的系统通常被定义为交互系统设计（designing

---

① 参见李世国、顾振宇编著《交互设计》，中国水利水电出版社 2016 年版。

interactive system）。交互系统由各个局部要素按照一定的秩序有机组成，设计团队要以一种整体的视角把握产品设计，必须处理好交互系统模型要素之间的协调关系。交互设计模型是一种提取有效的设计方案，一般性的交互模型对于将需求转变为功能元素是很关键的，因为这些模型都是研究领域多年设计积累的经验，尝试将设计理论形式化，记录最好的实践工作，有助于实现以下目标。

1. 提高设计过程的结构体系

一个成功的设计模型记录了多个具体案例的应用情境，提取了多个案例的共有特征及解决方案背后的理念。它们涵盖了整个设计中用到的元素词汇，模型通常非常简洁，易于管理，并且非常有用。例如，网易用户体验设计中心（UEDC）介绍了一套交互设计模型工具——GUCDR交互模型（图4-2），目的是在产品交互设计中可以直接将其当作实用工具来套用，将模型主干细化为 GUCDR 画布工具，在实际工作中只要能够回答画布中的每个点，即可形成完整的设计推演过程。使用这个模型可以让设计工作更加结构化地展开，设计过程更加体系化，它就像菜谱，根据菜谱做出的菜一般不会太难吃。

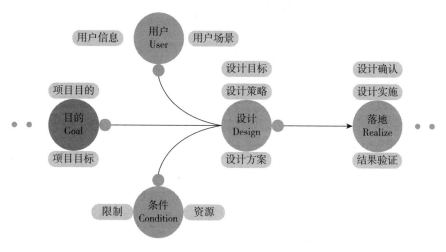

图 4-2　GUCDR 交互模型

2. 节省新研究项目的时间和精力

珍妮弗·泰德维尔（Jenifer Tidwell）[①] 在其《界面设计模式》（*Designing*

[①] 珍妮弗·泰德维尔是技术计算软件厂商 Math Works 公司的一名交互设计师和软件工程师。她擅长设计和开发数据分析及可视化工具。

Interfaces）一书中曾提出这样的警示："模型不是即拿即用的产品，每一次模型的应用都有所不同。"交互模型可以指导设计师如何设计美好、有效的系统和服务，节省项目的研究时间和精力。例如美国著名的 eBay 公司提出的一个交互模型（图 4-3），你可以从中看到各层次的专注力和影响力，一个设计师如果擅长设计，又能对框架层级提出成熟的方案，那应该是个合格的交互设计师，如果对战略层也有影响，甚至有一定策略见解，理所当然能够做到精简团队层级，专注核心工作，提升项目的效率。

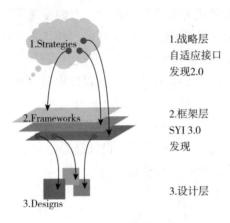

图 4-3　eBay 交互模型工具

3. 促进设计师与程序员的沟通

交互模型对某类特定的产品设计上的问题，提供可效仿概念性解决方案。在不同工作团队当中，设计模型可以作为设计师与程序员精确沟通的可视化桥梁，充分了解当前设计方案中具体的应用情境。团队通常可以建立模型库或者类目表，充分涵盖产品领域的解决方案，模型库包括可视化语言，比如功能特征、界面颜色、图标形状、字体等，提供团队可供效仿概括性的解决方案。

4. 指导设计师成功地从事设计实践工作

交互模型的构建可以指导设计师将理论放到实战中应用，也可以用实践中新的理论替代原有的知识模型。设计师不能把设计模型理论当作尚方宝剑，应该主动地问个为什么再做判断，积极地在设计中实践。例如，淘宝用户体验设计（UED）部门提炼的工作流程，从用户目标开始到需求定义、设计框架、设计支持，每个环节有很多价值点值得新手设计师学习借鉴，是一个快速入门学习与了解设计产品的途径。

4.1.2 现有模型的总体叙述

本书关注的理论模型是面向儿童的交互产品设计模型，为了保证理论模型能够有效地支持设计，主要从适用于实体交互的模型逐一详细分析，这些模型需要遵循可触摸实体界面的交互范型，选取适合用户的有效交互方式。依据黛博拉·梅休（Deborah Mayhew）[①] 在 1999 年的理论模型差异性分析中，将交互模型按照两种特性来分类描述——面向成果和面向过程的交互模型。这两类的交互模型区别在于交互活动的目标驱动不同：面向成果的交互模型，是以设计成果及设计工具形成交互系统的主要结构；面向过程的交互模型，是以设计活动的过程步骤构建交互系统模型。

1. 面向成果的交互体验模型

（1）交互体验模型

浙江大学罗仕鉴教授在《用户体验与产品创新设计》一书中提出"交互体验模型"，该模型主要由用户知识[②] 和设计知识交互而形成。一方面模型可以对用户自身知识体系进行提取，并且构建出用户模型；另一方面模型可以对设计师自身的专业知识及对用户、产品的理解进行提取，从而构建出设计模型。该交互体验模型的详细描述如下。①用户知识要素，用户知识包括显性知识和隐性知识两部分。用户通常会在大脑中对产品产生一种预期"期望"，例如"产品需要哪些功能""产品应该长什么样"等与 4W1H[③] 相关的问题，用户对产品系统的理解包含信息的选择、比较、过滤、提取等，用户在接触产品系统之后，通常会用"好看""好用""方便"等词语描述他们的主观感受，借着一定的抽象形容词去推理产品的隐喻性认知。②设计知识要素，设计研究人员结合自身专业理论并且通过产品的设计实践所积累的设计技术知识，包括用户研究、场景设计、流程分析等。设计师对用户和产品系统有着自己的理解，这与设计师个人专业素养、工作经验、对需求的理解及对人脑信息处理能力等相关。

---

① 软件工程设计专家，著有《可用性工程生命周期》（*The Usability Engineering Lifecycle*）、《成本合理的可用性：互联网时代的更新》（*Cost-Justifying Usability : An Update for the Internet Age*）等图书。

② 用户知识是指来自用户的关于某一产品的知识的集合，是产品概念设计的核心，对概念设计具有指导性意义。

③ 4W1H 是做什么（what）、为什么（why）、谁来做（who）、什么时候做（when）和怎么做（how）的简称。

　　用户知识与设计知识的匹配模型如图 4-4 所示，图的左侧是用户的体验知识，用户无论面对新事物还是已经认识的事物，提出想法总会存在以下几个方面：这个产品的功能如何，造型如何，使用方式如何，情境表达如何等一系列问题。模型阐述了设计师如何剖析设计目标（用户需求），将左侧的用户体验知识转化成右侧的设计师理解构思，形成一个产品或系统为用户服务。不管这个产品是否符合用户期望，模型中借以产品功能布局、外形、色彩、材质、情感表达等媒介传达了有形或无形的产品设计知识。用户期望和设计师的设计需要进行沟通，所以模型中间绘制一个交互的匹配模型，运用联想、比较、类比等主观或客观的认知情感表达进行交互。设计师经过自身倾听、反馈、解释等进行再认知和修改设计中用户体验不满意的地方。假设产品设计超越了用户的认知，或者说超越用户的期望值，我们称为达到了体验满意度；如果设计认知期望理解有偏差，交互体验与用户期望不一致，就不符合用户体验满足度，那么需要进行修改或者重新设计。

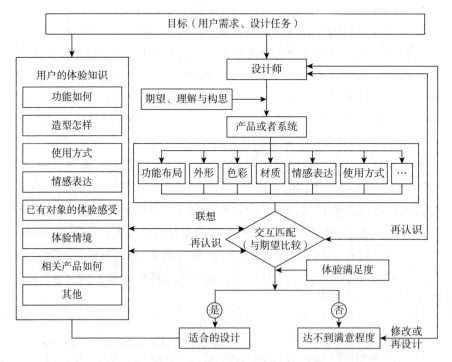

图 4-4　用户知识与设计知识的匹配模型 [①]

① 参见罗仕鉴、朱上上编著《用户体验与产品创新设计》，机械工业出版社 2010 年版。

　　图 4-5 表示用户知识与设计知识的交互体验模型。首先，设计师需要理解用户核心需求，分析用户知识模型。其次，运用定量定性研究方法，将用户生理、心理和行为认知方式与自身经验技能相结合，把目标用户知识转化成设计模型。然后，将用户知识模型转化成产品系统（包括产品外观、功能和性能等）。最后，用户进行产品交互体验。当交互体验中用户心理模型与设计模型耦合时，产品系统就符合用户体验需求，产品满意度较高；否则，产品满意度低，可能导致用户的误操作。

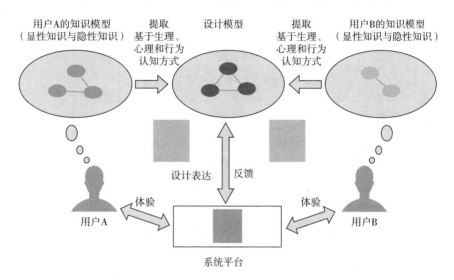

图 4-5　用户知识与设计知识的交互体验模型 [1]

（2）PACT-P 交互系统模型

　　英国尤比亚大学大卫·比杨教授提出的经典的 PACT 交互系统模型，体现了从"使用产品"到"体验产品"的转变。江南大学李世国教授在此基础上扩充了交互系统模型的概念，即 PACT-P 交互系统模型，它包括了五个基本元素，分别为人（people）、人的行为（activity）、产品的使用场景（context）、产品的使用技术（technology）及完成的产品（product）。（图 4-6）

　　"人"指使用系统与产品互动的主体对象，俗称为用户；"行为"指用户与产品交互的过程中做出的动作行为和产品的反馈，主要由产品功能引导完成；"场景"指在交互系统中行为发生时的周围环境，行为与场景密切相关，交互系统中的场景可以分为物质和非物质场景两大类；"技

---

① 参见李世国《体验与挑战：产品交互设计》，江苏美术出版社 2008 年版。

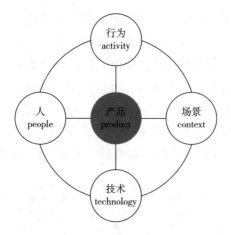

图 4-6　PACT-P 交互系统模型 [①]

术"指实现产品功能与交互行为所需的技术手段，分为硬件和软件技术；"产品"指系统为用户提供功能与交互的载体。PACT-P 交互系统模型中，"人"是交互系统的主体，整个交互系统是由各个局部按照一定的秩序有机组成的，要求以整体和全局的视角把握设计对象。

（3）UACP 交互系统模型

PACT 交互系统模型多用于与软件设计、游戏设计和网站设计密切相关的领域。工业设计领域的产品设计中，交互系统模型完全可以用用户（user）、行为（activity）、场景（context）和产品（product）来取代，即 UACP 交互系统模型。（图 4-7）模型将"people"转化成泛指所有用户的"user"，更能形象地表达使用产品的目标群体。由于与用户交互的载体是一定形态的产品而不是技术本身，产品是技术的物化表现形式，包含了交互式产品中所需要的技术因素，因此将"technology"转化成"product"。

UACP 交互系统模型设计基本框架只是一种宏观的表述。从总体上看，用户（U）在系统中处于中心位置，起主导作用，其中的交互行为（A）与产品的功能相关，且受场景的制约。用户（U）、行为（A）、场景（C）和产品（P）之间是互相影响的，虽然存在形形色色的交互系统，但都可以归属于这种框架体系之下。

（4）GOMS 预测模型

GOMS 预测模型是基于用户与产品交互过程中的知识体系与认知过

---

① 参见李世国《体验与挑战：产品交互设计》，江苏美术出版社 2008 年版。

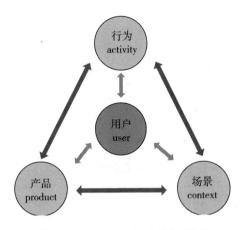

图 4-7 UACP 交互系统模型

程构建的模型。GOMS 技术是在交互系统中建模分析用户复杂性，采用"分而治之"的思想，把目标分解成许多操作符（动作），再分解成方法。GOMS 是人机交互界面理论模型，主要应用于指导 WIMP 人机交互界面的设计与评估。GOMS 预测模型主要包括目标（goals）、操作（operations）、方法（method）、选择规则（selection rules）四要素。GOMS 预测模型的优点包括：① GOMS 预测模型适用于不同载体的界面或者不同的产品系统进行比较分析；② GOMS 预测模型可以帮助产品评测系统更有效地进行测评。GOMS 模型的局限性主要表现为：① GOMS 假设用户完全按一种正确的方式进行人机交互，没有清楚地描述错误处理的过程，只适合于对系统完全熟知的高级用户，没有考虑错误的预防措施；② GOMS 预测模型中针对任务的描述非常简单，逻辑关系并不是十分清晰，有一定的实现难度；③ GOMS 模型忽略了目标用户的本质需求及认知过程，操作过程过于机械化。

（5）智能体模型

爱丁堡纳皮尔大学的大卫·贝尼昂 (David Benyon) 教授在《交互式系统设计：HCI、UX 和交互设计指南》一书中提到智能体交互式系统，智能体总体框架包括三部分，分别为个人模型、领域模型、交互模型。个人模型和领域模型定义了什么可以被推理，交互模型进行推理，可以结合多个领域模型概念来推测人的特性或者结合个人模型概念来推测如何适应这个系统。（图 4-8）

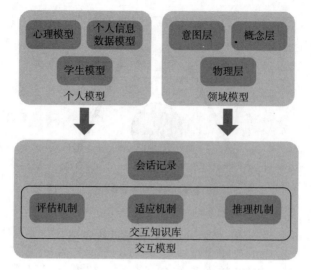

图 4-8　智能体的总体架构[①]

　　个人模型可称为"用户模型"，描述了系统所知的关于人的一切，倾向于将心理模型与个人信息数据模型区别开来，因为心理数据是情感化、人格化构造的，与人的习惯、历史和兴趣的个人信息数据有着本质不同。一些系统致力于开发习惯模型，通过长时间监测交互过程来进行推断。其他个人信息数据通过请求人们提供就可以轻松获得。还有一些系统试图推断用户的目的，然而通过一个计算机系统通常能提供的数据来推断用户下一步可能要做什么是相当困难的。一个人的领域知识通过个人模型的一部分，即学生模型来表示。

　　领域模型描述了智能体中三种层次的领域：物理层、概念层和意图层。领域的物理特性包括显示颜色，数据是菜单或单选按钮组成的列表的形式展示的东西，物理特性和一个系统的"外表"相关。从概念上来说，一个领域可通过其内部的对象或者事物属性来描述。意图描述和目标相关，例如一个电子邮件过滤智能体会拥有一个领域模型，通过主要的概念来描述电子邮件，如标题、主题、发件人等，一个领域物理描述可能包括字体和颜色选项，一个意图描述可能包含一种规则，比如如果邮件被归类为"加急"，那么就给用户显示一个警报。领域模型定义了系统知识范围，使系统能够做出推理、适应以及评估其适应性。

　　交互模型包含两个主要部分：交互抽象形式（称作会话记录）和一

---

　　① 参见［英］大卫·贝尼昂《交互式系统设计：HCI、UX 和交互设计指南》，孙正兴译，机械工业出版社 2016 年版。

个用于表现"智能"的知识库。知识库由三种机制构成，分别是通过其他模型进行推理的推理机制、适应机制以及评估系统表现效果的评估机制。会话记录是交互在一定范围内的抽象表现提取，面部表情及其他手势捕捉变得越来越容易，随着新的输入设备出现，手势、移动、加速及所有其他可被感知的特性让整个交互领域越来越丰富，而一些用户在交互过程中的非交互式的行为（例如读书）难以记录。随着以视频记录交互表现的新技术引入，输入设备越来越多样化，会话记录将会更加精细。

目前一个非常重要的研究工作直接面向具身对话"伴侣"，比克莫尔（Bickmore）和皮卡德（Picard）将"伴侣"视为交互关系的转变，他们认为关系维持包含期望、观点和意图的管理，强调关系的建立必须经过长期不断交互的过程。图 4-9 展示了一个视角下的伴侣架构，展示了从左侧输入到右侧输出的架构，以及组件访问和信息提取的顺序。不同输入通道——自动语音识别工具、声音信号处理器和触控工具是集成在一起的。会话的"理解"基于用词、推理出的情感及被识别出的实体的分析。通过访问领域和用户知识来决定最佳的行动方案（输出策略）和最佳的展示方式，包括说的词汇、语调、言语韵律的其他方面，以及虚拟形象的行为。

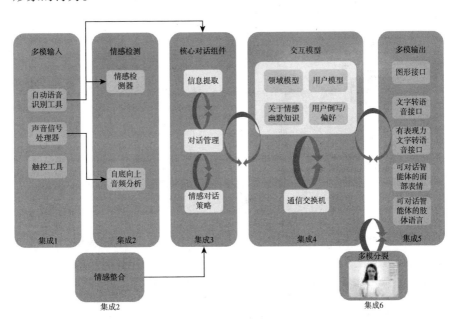

图 4-9　智能体的伴侣架构

2. 面向过程的交互模型

（1）瀑布模型与迭代模型的结合

瀑布模型（waterfall model）[①]由温斯顿·罗伊斯（Winston Royce）于1970年提出。由于其没有体现以用户为中心的设计思想，后人对它进行了适当的修改，使之应用于人机界面的交互设计中，改进后的瀑布模型如图4-10所示，主要包括以下几点。①将"设计"命名为"概念设计"，目的是强调产品的创新性和设计方案的开放性；将"编码"改为"原型设计"，使之适用于不同类型的交互系统开发，而不仅是纯粹的软件产品，通过原型的构建使设计的重点围绕可与用户交互的原型展开，便于下一阶段的评估。②对线性开发过程的调整，各阶段之间可以跨越，设计可以从需求分析开始，可以选择原型设计和评估为起点，即直接建立原型，对原型进行反复评估和修改直到满足用户需求。

迭代模型（iterative model）[②]本意是不断取代或轮换直到得到希望的结果，每一次迭代都会形成新的设计成果。每一次迭代的结果是下一次迭代的产品原型，迭代的最后结果就是正式发布的产品。迭代模型相对于瀑布模型的优势在于对产品原型的可控性更强，每一次的迭代设计都会产生一个产品原型，而瀑布模型则是要到开发过程结束后才能看到产品的原型。（图4-11）

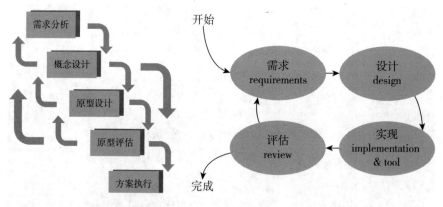

图 4-10 改进后的瀑布模型　　　　图 4-11 迭代模型

---

① 瀑布模型是将软件生存周期的各项活动规定为按固定顺序而连接的若干阶段工作，形如瀑布流水，最终得到软件产品。瀑布模型从被提出直到20世纪80年代早期，一直是唯一被广泛采用的软件开发模型。

② 迭代模型是RUP（rational unified process）推荐的周期模型。在RUP中，迭代被定义为包括产生产品发布（稳定、可执行的产品版本）的全部开发活动和要使用该发布必需的所有其他外围元素。所以，在某种程度上，每一次开发迭代都需要完整地经历所有工作流程，至少包括需求工作流程、分析设计工作流程、实施工作流程和测试工作流程。

　　将瀑布模型与迭代模型相结合，即在迭代模型中使用瀑布模型。瀑布模型融入迭代模型设计过程的一个环节，迭代模型是瀑布模型的循环过程，每一次瀑布模型设计过程会解决部分设计问题和发现新问题，而当多次迭代后，即可集中解决若干个设计问题，让设计解决方案尽可能完善完美。（图4-12）

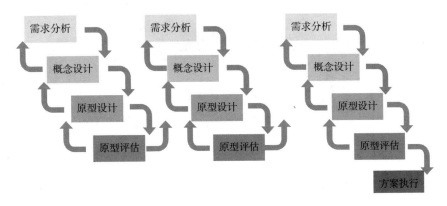

图 4-12　在迭代模型中使用瀑布模型

　　（2）普里斯提出的交互设计过程模型

　　普里斯（Preece）[①]提出的交互设计过程模型包括以下四个步骤：①识别需要并建立需求（identifying needs and establishing requirements）；②开发可选择的多个设计方案（developing alternative designs）；③构建设计方案的可交互版本（building interactive versions of the design）；④评估设计（evaluating designs）。上述第三步实际上就是构建原型，第四步是利用原型对前面三个步骤的设计方案进行设计评估，从而发现设计的问题并且重新返回到第二步进行修改，直到评估满足要求为止。因此，从第二步到第四步是一个迭代过程。（图4-13）

　　用户对产品的交互性需求主要分为四个层面：功能需求，基于用户需求的功能设计；数据需求，包括信息输入输出的方式、类型、内容和保存的时限等；环境需求，包括物理环境、社会环境（用户群之间的协作和交流等）、组织环境（系统运行管理、响应速度和培训等）和技术环境；可用性和体验需求，包括用户在物质和精神层面的需求。

　　① 普里斯的著作《交互设计——超越人机交互》中写到，交互设计应该是"设计支持人们日常工作与生活的交互式产品"。

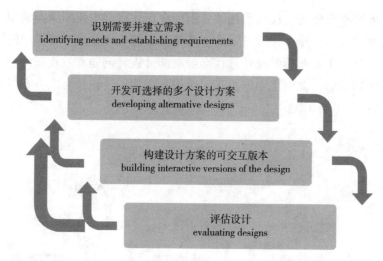

图 4-13　普里斯提出的交互设计过程模型的四个阶段

　　方案设计分为概念设计（conceptual design）和物理设计（physical design）。概念设计是以用户需求为中心，采用用户理解的方式（草拟构思和故事板、描述情节及构建系统外观原型等）描述产品功能、如何实现及外观等方面；物理设计是指概念设计表现方式，充分描述产品的设计细节，例如软件设计中的视觉、触觉、听觉等感官交互信息，在设计物理界面时，应遵守施耐德曼（Shneiderman）[①]提出的交互设计八项黄金原则。

　　设计方案细化成动态的交互原型，从而进行产品的可用性设计评估。可用性评估范围包括用户在产品使用时的错误情况、产品是否满足用户交互需求、用户对产品的满意度如何等。

　　普里斯认为，在上述交互设计过程中具有三个关键特征：①以用户为中心；②确定具体的可用性和用户体验目标；③迭代。这说明了交互设计过程中的人物角色作用、采用的方法和实施的基础。显然，设计师提供原型，用户对原型进行评估，原型是设计师和用户之间沟通的纽带。

　　（3）斯蒂文·海姆提出的设计过程通用模型

　　斯蒂文·海姆（Steven Heim）提出的设计过程通用模型主要由发现、设计和评估三个步骤组成。（图 4-14）

[①] 施耐德曼是计算机图形编程设计专家，毕业于美国纽约州立大学石溪分校，提出用户界面交互设计八项黄金原则：力求一致；允许频繁使用快捷键；提供明确反馈；设计对话，告诉用户任务已完成；提供错误预防和简单纠错功能；应该方便用户取消某个操作；用户应掌握控制权；减轻用户记忆负担。

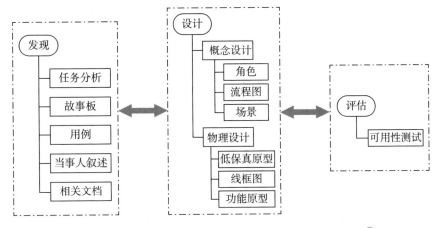

图 4-14　斯蒂文·海姆提出的设计过程通用模型[①]

　　发现阶段主要包括收集和解释（描述）两个步骤。收集主要采用观察和启发两种方式：前者通过观察人们在工作环境中完成的活动来收集有用信息，又分为直接观察方式和通过在现场安置录音设备等收集有用信息的间接方式；后者也分为访谈的直接方式和调查问卷的间接方式。解释（描述）是将收集到的信息进行组织，以便提供给设计阶段使用。

　　设计是评估的前提，产品的概念需要一定的形式表现出来。对于概念设计，主要用到的方法有头脑风暴、卡片分类、语义网络、流程图和认知走查等。而物理设计主要采用原型技术，可以使用描述所具有功能的水平原型和对功能详细描述的垂直原型。评估一般采用非正式的走查形式和有组织的启发式评估形式。启发式评估由可用性专家使用预定设计标准进行分步测试，并根据测试情况提出改进意见。

　　（4）交互设计的简单生命周期模型

　　普里斯在《交互设计——超越人机交互》一书中提到了交互设计的简单生命周期模型表达了以用户需求为目的的迭代性设计特征。这个模型没有说明每项活动的输出。简单生命周期模型源自软件开发和人机交互领域，可以随着设计实践经验的积累而有所调整，代表着交互设计领域的经验积累，并不是固定不变的。（图 4-15）项目一般开始于"标识需要和建立需求"的阶段，在这个阶段之后，设计师需要提出一些针对性的设计方案，表现手法可以是以软、硬件为载体的形式。然后，依据

　　① 参见李世国、顾振宇编著《交互设计》，中国水利水电出版社 2016 年版。

所设计方案进行原型制作，包括交互式动态原型、纸模型等。最后，进行产品评估，并根据评估的反馈结果进一步重新设计。交互设计的简单生命周期模型表明，交互式产品设计与开发是一系列连贯的设计活动，最终将构思概念转化成设计成品。产品项目需求不同、体量不同，用户需求不同，涉的周期循环次数也不同。

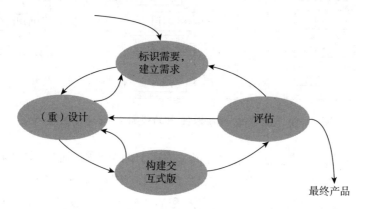

图 4-15　交互设计的简单生命周期模型

（5）人机交互中的生命周期模型

交互设计的另一个起源是人机交互（HCI）领域，基于人机交互的生命周期模型相对较少。以下我们将描述两个模型：第一个模型是星型生命周期模型，它是从解决 HCI 设计问题方法中归纳出来的，体现了一个非常灵活的、以评估为核心的开发过程；第二个模型是可用性工程生命周期模型，它体现了更为结构化的开发方法，源自可用性工程。

1989 年，哈特森（Hartson）和海克斯（Hix）教授基于大量界面设计的实践案例研究，提出了适用于界面设计的星型生命周期模型。（图4-16）模型构造模式分为分析模式与合成模式。前者特征是自上而下、结构化、判定和正式化，其核心是从系统设计到用户研究；后者特征是自下而上、自由性、创造力，其核心是从用户研究到系统设计。界面设计的过程中，设计师即会从一种模式切换到另一种模式，与前面介绍的简单生命周期模型不同，星型生命周期模型无特定活动顺序。实际上行为是密切相连的，从一种切换到任何另一种，但必须经由"评估"，反馈经验研究。"评估"是该种模型的核心，一个活动结束时将对其结果进行评估。所以，项目通过需求采集工作，着重评估现有情形，分析现有任务。

黛博拉·梅休教授于 1999 年论述了可用性工程与生命周期模型的关联性，可用性工程生命周期模型体现可用性工程的理念。可用性工程生

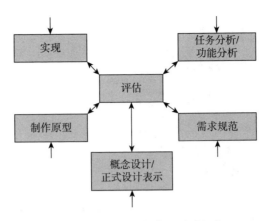

图 4-16　星型生命周期模型

命周期模型主要说明可用性任务应如何完成，同时分析可用性任务如何整合到传统产品开发周期，因此可以很好地指导可用性经验较少的设计师理解可用性任务，并且应用于传统产品开发中。

可用性工程生命周期模型的建立分为三步。首先是需求分析，主要是对用户基本情况、任务、平台限制在设计原则的指导下进行汇总，形成可用性规划。其次是设计、测试、开发：第一层次负责理论模型原型设计，描述产品应该做什么，如何运作，外观如何；第二层负责屏幕设计规范（SDS）设计，主要描述产品屏幕要素标准，比如位图、按钮、字体等，这些元素决定了界面整体视觉效果风格；第三层次负责具体用户界面（DUID）设计，形成完整的交互方案。最后是安装，用户的可用性信息反馈映射到设计过程中，如有必要需对其维护修改。梅休意识到了有些项目不需要完整的生命周期层次结构，所以建议根据开发系统，跳过一些不必要的、复杂的子步骤。（图 4-17）

（6）IDEO 的目标导向设计模型

阿兰·库珀在 IDEO 工作期间曾经提出一种数字交互产品设计模型——目标导向设计模型。1991 年，IDEO 公司设计师比尔·莫格里奇（Bill Moggridge）在担任斯坦福大学设计学院教授时推广这个模型并整理创新成为设计思维的基础。

从时间管理的角度上看，交互设计实际上是伴随着产品开发的进程，具有多层环节嵌套的、迭代式的工作流程。该设计模型不仅被 IDEO、苹果、微软等著名 IT 公司推崇，而且成为国内众多互联网创新企业，如百度、小米、阿里巴巴、腾讯等所应用的项目管理方法和产品创新方法。（图 4-18）

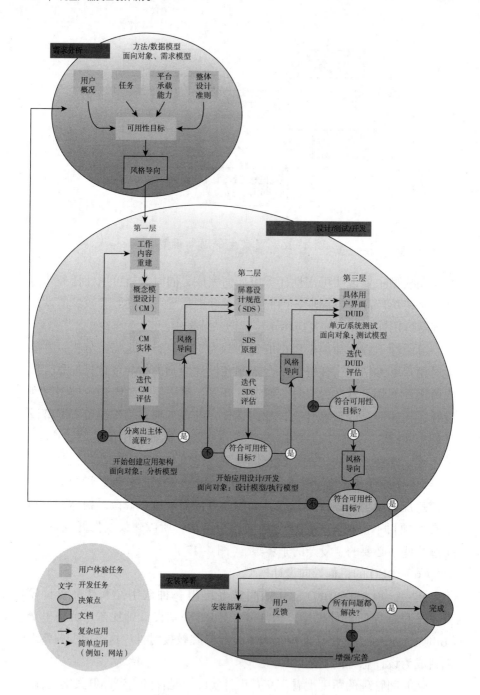

图 4-17　可用性工程生命周期模型

图 4-18　目标导向设计模型

（7）法利赛的交互系统概念模型

马里兰大学阿维·法利赛（Avi Parush）[①]教授提出的交互系统概念模型，为设计师提供了一个全新的视角，帮助他们理解如何发展基本概念和如何构造信息架构，以实现清晰的功能、合乎逻辑的架构、一目了然的导航及策略、易于理解的形式及引人入胜的细节。法利赛引导新手和专业设计师按照以下几个步骤进行设计：构建功能模块、创建概念模型元素、创建物理模型元素、创建细节概念元素、设计用户界面元素。

法利赛使用分层框架来定义和分析概念模型（图 4-19），该框架自下而上由五层组成：①功能层由功能模块组成，包括一组组任务和对象以及用户用来完成目标的相关参数；②架构层由概念模型元素构成，包括用户执行每一项功能所必须访问的隐喻的"空间"和这些"空间"之间的连接；③导航和策略层描述了导航和导航规则，包括用户在"空间"之间移动所采取的"路径"，包含一个或多个概念"空间"物理元素，以及管理物理元素交互关系的策略；④形式层由细节概念元素组成，作为从概念到细节设计的过渡；⑤细节层由用户界面元素组成，包括用户为执行任务而访问的每个空间的每个界面元素的详细外观和感觉。概念设计解决用户在哪里、做什么的问题，但是不涉及细节。在此框架中，概念设计涵盖功能层、架构层及导航和策略层。向细节设计的过渡发生在形式层上，在形式层中加入细节，最终把概念设计变成一个完整详细的用户界面。

---

① 阿维·法利赛具有认知心理学领域的学术背景，专长是人因工程、人机交互和可用性工程。他在人因工程和认知心理学领域有 30 多年的学术和工业经验，是国际知名的可用性研究领域专家，《可用性研究》（*Usability Studies*）杂志的创刊编辑和主编。

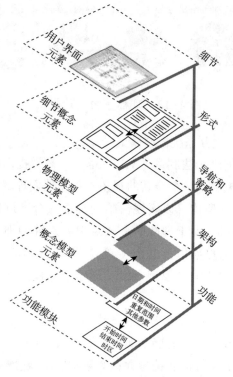

图 4-19　概念模型的分层框架

（8）用户心智模型

心智模型①是由苏格兰心理学家 K. J. W. 克雷克（K. J. W. Craik）提出来的，他认为心智模型是人利用大脑中的认知经验对所遇到的情境做出的最合理反馈。在人机交互设计领域，诺曼归纳出与心智模型相关的六大特征。阿兰·库珀以用户研究为基础，提出了以用户为中心的心智模型，并认为用户界面设计对于用户的心智模型构建非常重要。

用户心智模型是用户根据自身经验构建的产品体验体系。模型重点研究如何将用户自身的隐性经验知识通过模型构建的形式进行外显化表现，这是产品用户体验设计的理论基础模型。用户心智模型可以运用于实际的产品用户体验设计之中，设计师采用此设计方法可以提升产品设计的可用性与满意度。（图 4-20）

① 心智模型又叫"心智模式"，是指深植我们心中关于我们自己、别人、组织及周围世界每个层面的假设、形象和故事，并深受习惯思维、定式思维、已有知识的局限。心智模式这个名词是由苏格兰心理学家克雷克在 20 世纪 40 年代创造出来的，之后被认知心理学家约翰逊·莱尔德（Johnson Laird）和认知科学家马文·明斯基（Marvin Minsky）、西摩·派珀特（Seymour Papert）应用和发展，逐渐成为人机交互的常用名词。

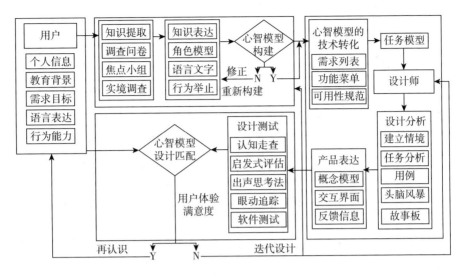

图 4-20 基于用户心智模型的产品用户体验设计与评估

综上所述，交互式系统模型设计需要预先了解用户在日常做什么，考虑哪一种交互方式能够更好地满足实际需求。由此可见，好的交互系统模型设计应该具备合适的模型元素及一个循环、长期的交互体验过程；好的交互系统模型设计能够提升用户与产品交互的满意度，让用户愿意长期使用。

4.1.3 儿童产品交互系统模型构建的基本要素

交互系统模型是由互相作用、互相联系、互相依存的元素组成的一个整体。从人机交互的观点出发，儿童产品交互系统模型的基本要素是用户（儿童）与产品系统交互过程中的核心因素，是用户体验设计的主要研究思路。交互系统模型必须处理好用户（儿童）、产品、交互要素之间的逻辑关系，如果各要素逻辑思路不清晰，会对整个交互式系统有关联性影响。

儿童产品交互模型构建的三个基本要素为用户（user）、交互（interactive）、产品（product）。"用户"是指产品使用者，即儿童，包括生理特征（性别、年龄、身高）、性格特征、情感需求、智力水平、认知特点、对任务的理解等；"交互"是指儿童在体验产品过程中的使用方式，包括感官交互、行为交互、情感交互等；"产品"是指与儿童发生交互关系的物理载体，由硬件和软件两部分组成，比如硬件部分的功能设计、外观设计、结构设计等，软件产品的内容需求、信息架构、界面设计等。

1. 儿童用户要素

在儿童产品交互设计当中，儿童是交互的主体，产品的交互设计首先应该从理解和认识交互系统中重要的组成要素——用户开始。阿兰·库珀指出，用户在与产品交互时，并不清楚产品内在的技术原理，因此，交互设计应该符合用户的认知方式。库珀提出的交互设计的理念不注重产品的内在机制与交互技术，而是关注于儿童与产品的交互行为。例如，低龄儿童喜欢具象卡通造型的产品，并通过语言或拥抱等肢体动作与产品自然交互，如果产品造型设计按照抽象几何形态并且符合成人认知的按钮或手动输入的交互形式，则违反了儿童的心理模型。唐纳德·诺曼进一步指出，用户的心理模型正如沉入海洋下的冰山，通常是较难被直接观察到的，而且也往往最容易被忽略。（图4-21）如今我们所处的时代正在进行信息大革命，交互式产品系统是为用户服务的，设计师需要了解儿童对产品的真正需求，并以此作为设计决策依据。儿童用户要素包含的具体内容整理归纳如下。

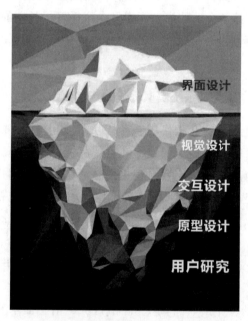

图4-21 诺曼用户心理模型

（1）儿童用户类型与界定

儿童用户是产品的直接或间接的使用者，儿童产品的用户通常可分成三个层次：主要用户——经常使用产品的儿童；次要用户——偶尔使用或通过他人间接使用产品的儿童；三级用户——购买产品的相关决策者如父母等。研究者将直接使用产品并完成某种任务的人称为用户，其中包括主要儿童用户和次要儿童用户两种，与产品有间接关系的三级用户归为当事人中的一部分群体。对于显性需求 [①]，一般可选择直接用户，例如交互式智能产品，可以将儿童用户群体分为几组，如0—3岁婴幼儿组、4—6岁学龄前儿童组、7—12岁青少年组。对于隐性需求 [②]，可以从相关用户中选取，如儿童父母、营销人员。从认知心理学来说，实验研究对象一般以同一类型30人为一组，以第3章中的4—6岁儿童用户研究为例，至少收集30名4—6岁儿童数据且每一年龄组至少10名（为保证数据有效性，性别最好平均分布）。（表4-1）

表4-1　用户选择矩阵

用户分类	用户或相关用户（名）				
	高级用户	一般用户	相关用户	维修人员	……
主要用户	18	15			
次要用户	8	5	5	2	……
三级用户	5	0			
人数小计	31	20	5	2	

（2）理解儿童用户需求

儿童产品交互设计系统中，儿童成了产品服务对象。儿童需求具有群体共性，要了解儿童的真实需求和期望，必须贴近用户，设法获得真实的资料。一方面，从宏观层面来看，罗仕鉴教授对于用户需求提出五个需求层次：①感觉需求，是指用户关注产品的第一感官印象，包括产品形态与色彩、手感等；②交互需求，用户与产品交互中感官行为的需求，包括产品的交互手势、肢体行为等；③情感需求，特指用户与产品交互时的情绪变化，包括产品交互过程中的挫败感、喜悦感等；④社会需求，主要指产品满足用户的精神层面需求，如渴望得到社会的认同感，

[①] 显性需求是指消费者意识到并有能力购买，且准备购买某种产品的有效需求，比如消费者可能会直接说出：我口渴，要喝水；我需要一件毛衣等。企业要重点把握和领会消费者的显性需求。

[②] 隐性需求是指消费者没有直接提出、不能清楚描述的需求。隐性需求来源于显性需求，并且与显性需求有着千丝万缕的联系。另外，在很多情况下，隐性需求是显性需求的延续，满足了用户的显性需求，其就会提出隐性需求。

用户对高端品牌忠诚度高不仅出自对产品的喜爱，而且因为这一品牌能彰显用户的社会身份地位；⑤自我需求，主要指产品如何符合用户的个性化需求，包括产品功能个性化定制、多样化选择等。另一方面，从微观层面来看，需要了解用户主要信息，比如儿童基本情况（年龄、认知特点、爱好和技能等）、儿童使用产品目标、儿童使用产品场景、儿童操作习惯等。

综上所述，结合儿童用户群体、产品属性等，从人类学、认知心理学、人机工程学等角度总结归纳了以下几个儿童用户需求：①生理需求，从人类学角度分析儿童的生理特征、个人技能和喜好的差异，使儿童与产品之间的交互高效、舒适、健康和安全，比如通过实地走访测量的方法，收集儿童年龄、身高、体重等生理数据；②心理需求，从心理学角度理解儿童在交互系统中的心理活动和行为表现，不同年龄段儿童可能存在心理差异，比如儿童使用产品的目的、结果等；③认知需求，从认知心理学角度理解儿童在交互系统中体现的内在偏好和倾向，是一种稳定的儿童个体特质，了解儿童的认知需求也便于把握儿童行为的规律，比如儿童喜欢什么颜色和图案、儿童使用习惯等；④行为需求，从人机工程学角度理解儿童与产品互动时的手势、肢体等动作特征和任务流程；⑤自我需求，交互式产品设计需要满足儿童的定制化需求，比如产品功能的个性化、多样性设计等。儿童需求的五个层次逐层增高，具体如图4-22所示。

图4-22 儿童需求的五个层次

（3）分析儿童的需求：定性研究与定量研究

用户研究的方法主要包括定性研究和定量研究等。定性研究（qualitative research）是采集与分析用户行为洞察力的方法，而定量研究（quantitative research）是采用量化分析及统计学方法将现象表示为数量形式分析解释的方法。定性研究的作用在于帮助设计师理解儿童的使用行为以及定义产品的问题域，主要包括的研究方法有用户访谈、行为观察、文献研究、竞品分析等。定量研究作用在于以数据呈现方式为基础，采用数学计算方法和科学性实验以量化手段来表达数字信息价值和发展趋势，主要研究方法有实验法、相关分析法、回归分析法等。在采集与分析儿童需求过程中，一般将定性与定量用户研究方法相结合来推导、分析、定义儿童核心问题，具体使用哪种方法需要根据实际项目情况而定。（图 4-23）

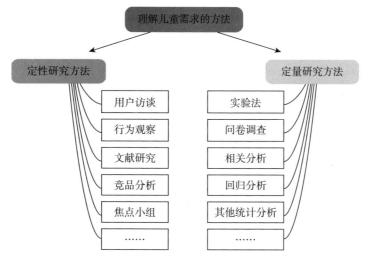

图 4-23　定性研究与定量研究方法

（4）建立角色模型

设计师在设计儿童产品前，需要把儿童需求转化为具体的角色模型，从而设定合理的场景为设计服务。角色（personas）是具有目标用户真实特征的儿童形象，角色模型是对用户的一种划分，将儿童按照角色分开来确定不同儿童的偏好，才是建立角色模型体系的主要目的。在第 3 章中研究者详细阐述了如何建立基于数据的儿童模型，儿童角色模型构建方法有很多，其中阿兰·库珀提出的"七步人物角色法"较为清晰地呈现了从定性用户角色到定量检验用户角色的过程。（图 4-24）

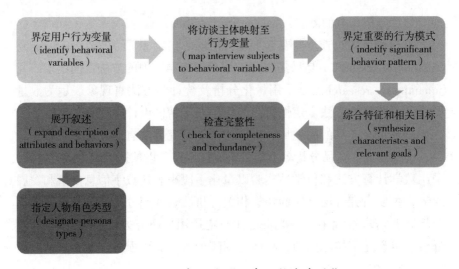

图 4-24　库珀的"七步人物角色法"

2. 儿童产品要素

交互系统中使用技术和支持的交互行为是需要载体的，这种载体被称为"交互式产品"。其区别于一般意义上的产品，同时强调儿童产品与儿童和环境之间信息的双向交流特征。从交互设计的角度可将儿童产品分为硬件产品和软件产品两大类：前者关注儿童产品的外观、功能、结构、材料等，后者关注儿童产品的内容需求、信息架构、界面设计、视觉设计等。

（1）儿童硬件产品

硬件产品设计属于工业设计范畴。儿童硬件产品设计是一个动态变化过程，设计周期分为以下阶段：儿童产品策划—概念生成—视觉表达—设计评价—儿童产品模型。（图 4-25）其中儿童产品策划阶段包括儿童 / 消费者需求分析、竞争产品分析、使用环境分析等。

概念生成阶段主要包括设计草图、造型研究、色彩研究、人机工程学结构等。

设计草图是设计师表达与交流设计思维的一种重要手段，在设计概念形成、表达、推演、发展过程中有着不可替代的作用。通过概念草图或者手绘效果图，设计师将头脑中的儿童产品外观美感、结构、材料等变成显性知识传达出来。设计草图内容没有太多限定，一般包括平面图、透视图、细节图、结构图及使用情景图，各种图示可以构成一个完整草案分析，以较全面的方式帮助设计师梳理思维。

儿童的产品形态设计主要从两个方面来表达：一方面通过儿童产品

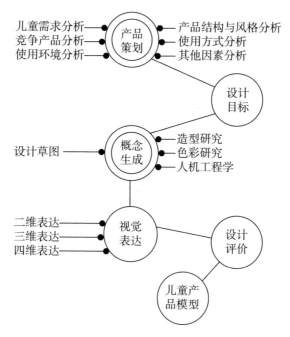

图 4-25　产品设计流程

外观设计要素来表达产品的性能、使用方式等；另一方面通过儿童产品形态所产生的内在性要素来表达产品的情感、意象等内在性信息，设计师采用夸张、隐喻的艺术设计手法，从语意的角度传达产品的情感化特征，符合儿童的审美性需求。

　　儿童产品的色彩设计中，一方面，色彩具有感知功能，比如暖色容易让儿童产生兴奋、愉悦、温暖的心理感受，儿童通过色彩设计感受到产品的属性，被产品的第一印象吸引。婴幼儿的益智玩具通常用色彩艳丽的搭配来吸引儿童的注意力，但是在儿童医院这样的空间显然不适合用过于艳丽的配色，那样会让患者产生视觉的疲劳。因此，设计师需要依据儿童产品的功能、结构和使用环境等进行科学的色彩搭配。另一方面，色彩设计还具备符号功能，色彩设计是符号表达的重要手段之一，包括对儿童产品功能区域、按键、材质等设计，特殊的色彩符号可便于儿童在不认识字符的情况下快速操作解读。例如，针对2—4岁儿童设计的积木火车，用红、黄、蓝等不同颜色对不同的模块加以区分，红色模块代表火车头，黄、蓝、绿、紫色模块分别代表不同类型的车厢，即使换个顺序也不会影响拼搭效果。

　　人机工程学是儿童产品设计高效、安全、舒适、健康的重要科学依据。一方面，儿童产品尺寸是否适合儿童使用、是否符合使用环境的需求可以通过人机工程学来衡量。例如,设计师想设计一个滑滑梯的游乐玩具,需要考虑产品的高度、宽度、弧度等适宜尺寸,以避免对孩子造成不必要的伤害。另一方面,人机工程学可以使儿童产品操作界面设计更具合理性。低龄儿童对抽象文字和数字并不像成人一样充分识别,那么儿童产品界面设计中应该运用色彩、图形等元素加以区分,例如,色彩和体块的大面积划分、按钮的夸大表现是儿童产品中常用的设计手法。

视觉表达是准确表达设计创意的重要环节,在儿童产品的设计中,设计师非常喜欢用仿生手法进行产品形态开发,符合儿童的审美需求,但造型工艺相对复杂,生产加工有一定难度,所以需要借助低保真 2D 和高保真 3D 的计算机辅助设计(computer aided design,CAD)[1],对儿童产品的外形和零部件结构进行合理化设计推敲。

设计评价主要是对儿童产品如何具有更强吸引力的可用性评价,包括儿童产品外观、色彩、质感、功能等,用户和专家在产品设计图出来后可进行满意度评价,并将评价结果反馈给设计人员。例如,约凯拉(Jokela)教授基于狩野纪昭(Noriaki Kano)提出的质量模型,阐述了产品可用性的三个维度,这些评价因子都会影响用户对产品的满意度。(图 4-26)

儿童产品模型是儿童产品设计过程中十分重要的工具,它可以将设计创意直接物化,以更加直观的视觉效果来检验方案的可行性。设计过程中的模型制作会依据实际情况选择不同的材料及加工工艺,儿童玩具设计最常用的是塑料模型,包括发泡塑料[2]模型、ABS 热压[3]模型、数控加工[4]模型及快速成型的树脂模型。

---

[1] 计算机辅助设计指利用计算机及其图形设备帮助设计人员进行设计工作。在设计中通常要用计算机对不同方案进行大量的计算、分析和比较,以决定最优方案。各种设计信息,不论是数字的、文字的还是图形的,都能存储在计算机里,并能快速地检索。设计人员绘制草图,计算机能快速地将草图转换为工作图,不仅减轻了设计人员的工作负担,也更方便设计人员及时对设计做出判断和修改,利用计算机可以进行图形的编辑、放大、缩小、平移、复制和旋转等图形数据加工工作。

[2] 泡沫塑料也叫"多孔塑料",是以树脂为主要原料制成的内部具有无数微孔的塑料。其质轻、绝热、吸音、防震、耐腐蚀,有软质和硬质之分,广泛用作绝热、隔音、包装材料及制车船壳体等。

[3] ABS 塑料成型温度在 250℃左右。ABS 树脂是五大合成树脂之一,其抗冲击性、耐热性、耐低温性及电气性能优良,还有易加工、制品尺寸稳定、表面光泽性好等特点,容易涂装、着色,进行表面喷镀金属、电镀、热压等二次加工,应用于机械、汽车、电子电器、仪器仪表工业领域,是用途广泛的热塑性工程塑料。

[4] 数控加工是指在数控机床上进行零件加工的一种工艺方法,数控机床加工与传统机床加工的工艺流程从总体上说是一致的,但也发生了明显的变化。

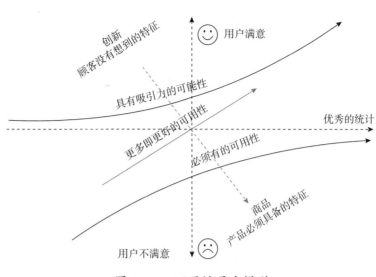

图 4-26 可用性层次模型

（2）儿童软件产品

儿童软件产品设计包括需求分析、功能设计、信息架构、界面设计等重要环节。设计基本框架决定了儿童产品交互体验的整体结构——从屏幕上的视觉元素的组织到交互行为及其底层的组织结构。

信息架构是合理地将儿童用户信息的交互过程进行流程化构建并呈现给用户的信息结构。信息架构设计主要是将有用的信息进行分类组织，更好地传递信息。一般而言，儿童产品的信息架构设计是否合理可以从以下几个方面来评价：①与产品目标和用户需求相对应，例如，儿童游戏应用的目标是让儿童沉浸式地投入游戏过程及有所收获，所以需要对游戏的组织功能、任务流程等做出合理的设计，吸引儿童的注意力；②具备一定扩展性，好的信息架构能够进一步进行扩展，可以把新的模块灵活地融入整个信息架构之中（图 4-27）；③分类方式的一致性、关联性等，儿童使用产品的过程中需要具备接口、功能的一致性标准，信息内容具有上下层级逻辑关联性，应该把不同层级信息内容进行归纳分类；④具备平衡的广度和深度，信息架构中宽而浅的结构可以减少用户操作流程的复杂性，但会增加用户每一层级信息分类查找的时间（图4-28），窄而深的信息架构用户操作步骤会更加复杂化，但会降低用户的选择难度（图 4-29）；⑤使用用户语言避免语义歧义或不解，要用用户语言分类进行功能描述，这样才不会造成儿童的不解。

界面设计主要处理的是儿童与软件界面的关系，产品界面是儿童与

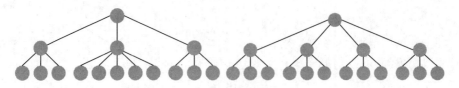

图 4-27 延展性好的信息架构

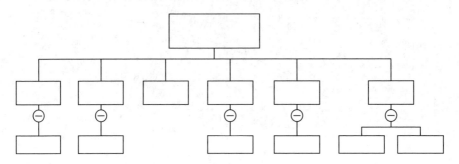

图 4-28 宽而浅的信息架构

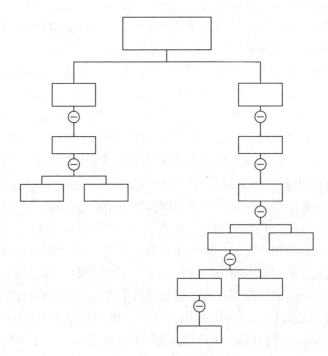

图 4-29 窄而深的信息架构

交互式系统互动的信息载体。界面设计的主要元素有布局、文字、色彩、控件、图标等。布局是指将页面进行合理化、结构化的设计元素规划，页面可以更加层次化、归纳分类等。在目前很多网站首页的设计中，一般考虑把一级导航、突出显示的内容放在头部区域，因为对儿童浏览的视线总是按照从左到右、从上到下的顺序，设计师应该将重要内容安排在显著的位置，从而引起用户注意。文字包括字体和版式。界面设计中的字体与文字大小需要进行分类定义。例如，Office 办公软件中对字体的大小和类型进行了标准化定义，Tahoma 字体被用作系统缺省字体，Franklin Gothic 用作标题字体，Verdana 只作下拉框或浮动面板标题栏字体等。色彩作为儿童产品界面设计的重要元素，在前文已经进行了详细阐述，软件界面设计色彩风格差异会赋予产品不同功能属性。例如，"Bear Paw Baby" App 界面以具有活力的橘黄色为主色调，辅以红色、粉色、绿色，以及渐变、发光效果等，赋予了界面生命力和立体感，色彩运用示例包括基本色、控制色、界面框架和 banner 色彩、图标颜色等，例 如 #E8AA3A、#E74437、#2965B0、#69C5D7、#71BA2E、#F4D247、#F0811C、#80C69E 等。

控件设计是儿童产品界面设计的重要组成部分，一定要对控件进行统一的规划和合理的考量，使界面的组织形式具有一致性、易识别性、易操作性等。目前，儿童软件产品界面设计主要包括以下几种典型控件：按钮、滑块、滚动条、文本框、单选框等。例如，VIPKID 软件控件采用图形化设计，颜色鲜艳、丰富，更加易识别、易操作。

图标是人类利用符号传达信息、交流信息的主要手段。图标设计要考虑到图形的语构、语义、语境。语构表示图标造型语言之间的结构关系，体现了儿童设计要素在结构上的有序性；语义处理图标造型与它所指的对象之间的关系；语境则研究图标所处的情境关系。在设计与应用图标时，设计师需要理解图标的换喻性和隐喻性，尽量设计符合儿童认知的图形符号系列。

随着信息技术的发展，目前的儿童产品交互设计已经迈入软、硬件整合的阶段，像儿童产品领域的乐高、迪士尼、葡萄科技等公司一直十分关注产品的软件与硬件的一体化设计，产品的软、硬件更加有机地整合设计将成为未来人机交互和用户体验的一个重要方向。

3. 儿童交互要素

本部分所讨论的儿童交互要素特指儿童与儿童产品之间的"人机交互"，当产品系统将信息传递给儿童，或者儿童将指令传送给产品系统时，交互行为就产生了。交互行为主要包括为儿童在使用产品的过程中所做的操作行为（如信息的输入、搜索、选择及输出等）、产品对儿童操作的反馈行为，以及产品对环境的感知行为（如语音、图像、位置跟踪等）。

（1）交互方式的发展

人类与产品信息交互过程大部分是单向流动的，在这个过程中，用户是交互的主体，产品是交互的对象。交互方式的发展阶段主要分为原始式交互、适应式交互、自然式交互、创新式交互。

原始社会时期人们只能使用手工制作的简单工具进行生产作业，如耕地、射箭、劈柴等行为，这种自然而又原始的操作行为极易理解和掌握，基本不存在任何认知"鸿沟"。这便是原始式交互阶段。

适应式交互是用户受产品功能的限制而做出的响应式交互。对于早期的计算机或以信息技术为主的产品交互行为大多属于适应式交互一类。这是一种受到技术、工艺等条件制约的不得已而为之的操作行为。

自然式交互不再依赖于鼠标、键盘的传统操作方式，而是采用语音、动作、手势甚至面部表情等交互行为。自然用户界面必须充分考量用户多感官交互通道与运动轨迹，利用体感、触觉等交互技术，提升人机交互的自然性和效率。例如，在移动终端设备中常用几种偏向于自然行为的手势，像滑动、拖放、缩放、长按、摇动等手指动作，尽可能符合用户日常行为习惯。此外，根据不同任务来配套特定的交互行为，比如空间维度变化采用缩放命令多点触摸，位置移动的命令就是单击加上拖拽动作，短时间任务操作采用单击动作等。（图4-30）自然式交互是交互形式的人性化回归，以更快捷、更直接的形式适应用户需求，而不是让用户去适应产品。自然式交互对于儿童群体来说，是非常适合的交互方式，符合儿童的认知发展特征，是儿童产品设计典型的交互方式。

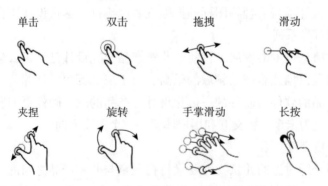

图4-30　多点触控的八种主要手势

创新式交互意味着对原有交互方式的更新、变革或者创造，其来自设计师或设计团队的创意想法或用户的下意识行为，需要技术的支持、设计阶段的评估及概念的推广。例如，Windows 概念手机，对着屏幕哈气就可以进入手写模式，不能不说是一种十分奇特的交互方式。在下雨或者下雪天，该手机的屏幕则会变得潮湿模糊；在晴天显示界面又会显得干净而清新。再例如，苹果公司新推出的可穿戴设备 iWatch 主页设计，与 iPhone 使用的滑动方式不同，是滚动的交互方式导航，布局上应用的图标 F 中心对称，焦点定位在屏幕中心，顺时针旋转是将内容放大，逆时针旋转是将内容缩小，该交互方式有趣，易被儿童用户接受与理解。

（2）交互的主要形式

交互信息的表现主要分为数据交互、图像交互、语音交互、动作交互四大类型，基于实体交互的儿童产品设计主要使用图像交互和语音交互两种类型，而基于智能化的教育娱乐交互产品使用动作、数据、语音等交互类型。（图 4-31）

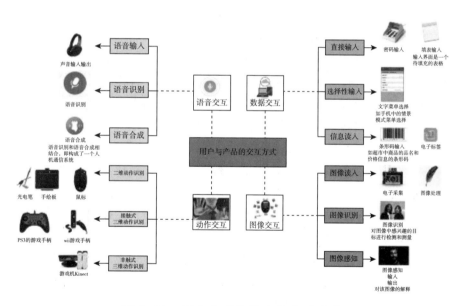

图 4-31 用户与产品的主要交互方式

数据交互指用户输入信息为数值或文本。例如，直接输入精确的密码数值，系统需要对数据的正确性进行判定或者用户确认，又如从电子标签、条形码等产品编码和标识等专用信息读取设备编码和信息等，主要应用在市场营销类、销售类、物品识别类等产品中。

图像交互指用户通过图形图像信息与产品交互，主要应用在图形用户界面的图像输入、识别和感知等。例如，通过扫描图片文件的方式获得图像信息并利用图像处理技术将像素信息转化成能用的二进制数值，以便于存储、检索或输出；利用图像传感器识别图像信息，并采用适合的算法识别图形区域，例如体感识别、眼动追踪、色彩识别等。

语音交互是以"说话"的方式来实现用户与产品之间的信息交流，是一种方便快捷、信息流畅的交互方式。语音交互具有广泛的应用前景，比如语音自助导航、为盲人定制的语音控制命令、与儿童交流的陪伴型机器人等。语音交互技术的关键是语音识别，目前的语音识别还不能完全达到无障碍交流的标准，必须遵循一定的要求才能正确识别，这也是儿童语音交互的难点所在。

动作交互是使用身体语言，通过身体的姿势和动作来表达意图，产品对于动作的理解关键是动作的识别问题。动作交互是目前儿童体感运动类产品的常见交互方式，这种交互操作方式更自然直接，丰富了运动的娱乐体验性，改变了传统的游戏操作方式，使用户的游戏行为更贴近于自然方式。例如，2010 年微软推出 Kinect 交互游戏产品，儿童通过真实的肢体运动操控游戏进程，交互技术采用图像识别摄像头动态捕捉体感动作，让儿童可以抛弃传统的游戏手柄等；苹果公司推出了一套基于手势控制的 UI 系统，集成在 Mac 或 MacBook 当中或是被安装在其顶部设备中，Mac 可以识别用户的手部动作，将其识别成手势命令，使用者无须触控板、键盘或鼠标也能对设备进行控制。

（3）交互过程的智能化

随着人工智能技术的蓬勃发展，智能化产品交互技术越发成熟。交互智能化的特点是自适应或智能化，用户界面外观、功能或界面内容依据用户交互方式自适应调整，系统包含一些典型组件，接收从界面传来的信号，按照一系列标准规则进行调整。

①输入方式的感应与整合。计算机采用图像处理技术等对用户的肢体动作进行输入识别，采用语音识别等自然交互技术识别用户语言命令，对不同格式输入设备、输入数据整合处理，更高效、灵活地对交互信息做出输出反馈。例如，飞利浦公司的 Wake-Up Light 智能台灯，利用人们"日出而作，日落而息"的自然习性，模拟太阳升起时卧室里的光照情景，并伴随着由远及近的鸟鸣声音将用户温柔地唤醒，让起床成为一种愉快的体验，全新的交互方式令人自然舒服。例如，"开放仿生学的英雄手臂"（hero arm by open bionics）是一款多握仿生手臂，适用于 8 岁儿童，利用智能感应系统，可以帮助手臂残障儿童轻松完成握、张等动作，

从而使手臂残障儿童能够像正常儿童一样活动。

②任务处理的智能化。随着微电子芯片技术的发展，人工智能产品已经越来越便捷化、简易化，大量复杂系统交互任务经过智能化运算处理已经越来越自动化、人性化等，大大降低了用户操作和记忆负担。例如，谷歌眼镜解放了人们双手，更加贴近视觉想象空间，配备了陀螺仪①和加速器的谷歌眼镜追踪用户的脸部朝向和角度，除了通过内置蓝牙模块连接安卓系统智能设备实现语音控制外，用户还可以通过谷歌眼镜观看视频、阅读邮件、浏览短信等。谷歌眼镜的图像相当于在 3 米处观看62 寸大屏幕效果，用户可以利用谷歌眼镜进行实时导航、查询天气、管理音乐视频、查找夜空星座及实现一些意想不到的功能。又例如，手指绘画辅具 Finger Ring 是针对脑性麻痹孩童设计的一款手部复健的绘画辅具，让孩童能透过手指去感触平面与立体绘画创作的过程，协助患者改善手部痉挛与张力不足问题，促进孩童的动作发展，并抒发患者的内心情感。依据患者张力程度分级，给予阶段性的系列教材，再加上家人与职业治疗师的辅助，让患者循序渐进进行手指张力、手部抓握与肌耐力的复健。

③输出方式的优化自动化。实体交互产品的输出方式反映了智能化的程度。产品系统依据输出内容的信息类型、用户的喜好、使用环境等判断优化输出方式和表现形式，自动生成并满足用户的各种需求。例如，智能温度调节器 Nest 可以通过内置的移动监测器监测房间内是否有人活动，在记录用户的日常作息习惯一段时间之后可以智能开启或关闭，以此自动调节室内温度。Nest 可以根据用户设定好的温度进行智能微调，比如夏天稍微调高冷气的温度，当检测到屋内没人时，还会自动进入"度假模式"达到环保节能的效果。又例如，模块化编程教育机器人，主要面对 7—12 岁的儿童，以玩具为载体，让用户学习基础的机器人硬件知识，满足从入门到创作的编程学习与探索，同时提供更专业的构型可扩展空间，让用户可以从中得到乐趣与知识。

4.1.4 儿童产品交互系统模型设计

在儿童产品交互系统模型的设计中，用户（儿童）、交互、产品三元

---

① 陀螺仪是用高速回转体的动量矩敏感壳体相对惯性空间绕正交于自转轴的一个或两个轴的角运动检测装置。利用其他原理制成的角运动检测装置起同样功能的也称陀螺仪。

素之间相互关联，形成相互作用的"面"，而面与面之间的交互活动构成一个三维立体空间。"用户"元素是知识源，主要从儿童生理、心理、认知、行为等需求来定义儿童角色的属性；"产品"元素是指设计者根据对儿童产品的理解，借助主观和客观的方法将儿童的隐性知识显性化地提取出来，变成儿童可以操作的模型标准；"交互"元素主要是儿童以感官交互的方式使用产品的过程，是实现儿童与产品信息交流的桥梁。儿童产品交互系统模型主要以儿童体验为中心，重点研究儿童的心理、认知、情感需求等，然后选择必要的交互方式实现对操作过程控制，再开发出符合儿童使用需求的产品系统。这是一个封闭的人机系统，即闭环人机交互模型。（图 4-32）

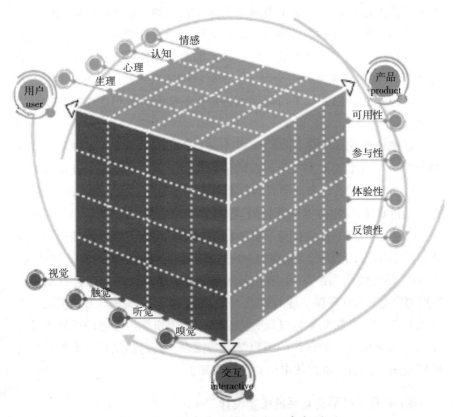

图 4-32 儿童产品交互系统基本模型

在交互系统基本模型基础上，推导出儿童产品交互系统模型，包括基于需求层次的儿童用户研究，不同形式的交互过程，软、硬件结合的儿童产品设计。在设计过程中，首先要理解不同年龄的儿童群体用户的需求层次，即生理需求、心理需求、认知需求、行为需求、自我需求五个层次，通过定性（用户访谈、文献调研等）和定量（问卷调查、实验法等）的研究方法最终定义具体的角色模型。其次，从感官、行为、情感、空间四个层次思考儿童最适宜的交互方式及具体交互的信息内容（数据、图像、语音、动作等），满足儿童的交互体验需求。最后，基于具体的儿童角色模型、交互形式等设计软、硬件结合的儿童产品，满足儿童产品的可用性、满意度等需求。（图 4-33）

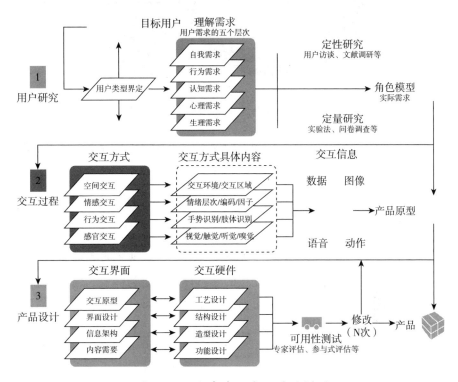

图 4-33 儿童产品交互系统模型

具体而言，该模型应用于面向儿童的实体交互产品设计，基于此模型建立了一套儿童交互式产品设计的标准流程，为第 5 章儿童产品设计提供理论基础。如图 4-34 所示，目标用户以学龄前儿童为例，首先分别从生理与认知心理需求出发，对目标儿童群体进行定性（文献研究、案例研究、行为观察）与定量研究（儿童访谈、家长问卷、实验数据分析），明确定义儿童角色模型；其次以感官、行为、情感、空间四层交互形式为设计手段，将构思转化为交互原型（包括产品的功能、形态和内容等）；再次，让儿童用户在自己的经验与需求基础上，进行概念原型的可用性测试（参与式评估与设计专家评估）；最后，通过反复修改确定产

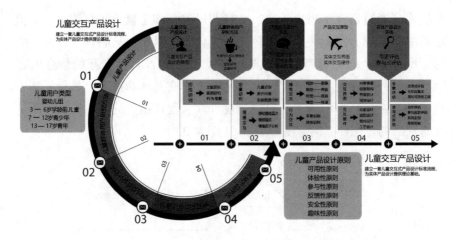

图 4-34　基于实体交互的儿童产品设计模型

品设计方案并总结出儿童产品的设计原则，包括可用性原则、参与性原则、反馈性原则、安全性原则、趣味性原则等。

4.2　儿童产品的交互方式

面向儿童产品的交互模型研究是个新方向，需要重点对儿童认知心理与行为进行深入研究，即从儿童的感官体验、行为体验、情感体验等方面去挖掘儿童的日常行为和习惯，从而设计出符合儿童特征和喜好的互动产品，让儿童产品的交互方式变得更直接、自然。

对于儿童交互的主要形式，一方面，交互过程中的操作步骤需要简化，游戏中的交互行为过于复杂会增加儿童的认知负荷，影响游戏任务的完成。例如，通过反馈机制，使操作过程中的相关信息可视化，合理使用自动化以简化操作步骤等。因此，使交互方式具有可选择性对大多数儿童产品来说是非常必要的。另一方面，交互方式的趣味化、多样性的发展，促进了儿童产品拥有良好的情感体验设计。目前市场上出现的很多十分有趣的交互形式，已经逐步出现在了儿童益智类产品中。如走过必留下爪印的孩提动物木屐，有别于通常传统木屐，鞋底浮刻了各种动物足迹，例如猫咪、猫头鹰、山公、暴龙、壁虎等心爱动物，穿上它行走在沙滩上步步都留下可爱的脚印；任天堂 Wii 之所以受儿童的青睐是因为其创造性的游戏交互方式，使用 Wii 既可以体验击剑、拳击、赛跑和打球带来的刺激，也可以在室内享受到运动的乐趣，甚至还可以用手柄来指挥演奏，控制节奏和强弱的变化，让人体验当指挥的乐趣。趣味的交互形式与自然交互方式并不完全一样，这种交互行为体现了创新的用户体验理念，适用于儿童产品设计。

想要让交互产品带给儿童不一样的体验，就要在充分了解儿童各特征要素的基础上进行归纳总结，并能够"读懂"他们，提出适合儿童的交互方式，这样才能实现交互设计应有的价值。

4.2.1　儿童产品的感官交互

感官体验是儿童对周围世界产生认知的最开始、最基本的途径。儿童的视网膜、耳朵和神经细胞每天接收无数的产品信息，利用这些感官刺激能够产生美的享受，激发用户的购买欲。通过对儿童的生理、心理、认知发展研究，发现儿童在直观交互和造型具象的产品中更容易获取游戏信息，由此可知构建一个感官体验设计的交互方式必须确保信息易于察觉和识别。儿童产品的感官交互设计是通过提取儿童感官的特征，以不同的交互形式反馈在产品中。儿童的感官交互主要有触觉交互、视觉交互、听觉交互、嗅觉交互等方式。

1. 触觉交互

触觉交互已经成为一种非常成熟的人机交互方式。通过触觉交互方式，儿童不仅能操控产品，还能产生真实的沉浸感。触觉交互在儿童游戏过程中有着不可替代的作用。儿童产品设计中，触觉交互为主要的交互形式，可以增强儿童的感官认知能力，使其通过熟悉的感知技能进行游戏。同时，在儿童产品设计中考虑材质、凹凸形的应用，可以让儿童感触世界的方式灵活多变。例如，新形态的婴幼儿读物通过不同材质的纸张让婴幼儿感受到不同的触感；动作感应技术应用于体感类游戏之中，可以识别儿童的行为动作并转化成技术信号，再通过产品载体将信号内容以一定形式输出，使儿童用直观的方式与游戏交互；日本设计师制作的手一碰就变形的纸质玩具充满童趣，比如滚着就能打开的蛋，儿童能从中体会到极大的乐趣。

2. 视觉交互

人类信息的主要摄取方式是视觉观看，同样，儿童与产品的信息交流中视觉交互是最直观简单的方式。优秀的视觉交互体验是儿童产品设计中重要的组成部分。目前的计算机视觉技术可以做到自动感知视觉信息并输出为可视化图形图像语言。例如，辨别一块织物的颜色、监防系统中的人脸识别、通过核磁共振扫描肿瘤的位置、手机拍照识别植物类型等。视觉交互设计作为人工智能研究的重要方向，越来越受到相关专家的重视。

在儿童产品设计中，形象记忆被广泛应用于游戏空间的视觉交互设计中，沉浸式环境的营造更能激发儿童的游戏兴趣，通过客观存在的产品媒介利用多媒体互动进行生动模仿或者描述，用视觉图像、动作与虚拟空间的产品进行交互，为儿童构建一个虚拟的游戏空间。例如，SAGA推出最新项目"交互式体育馆"，通过 AR 技术使传统的体育课变得活力非凡。3D 摄像头捕捉投射在墙面和地面上的交互影像，这个过程就是游戏的输入；再通过分析孩子们的动作，把结果利用各种声光效果反馈出来，孩子们可以直接在巨大的墙面上玩投球游戏。视觉交互过程中，相关信号的输入要根据儿童的认知能力，设置简单易懂的操作方式，尤其是动作输入时的控件面积大而醒目。

3. 听觉交互

听觉交互应用较为普遍的技术就是语音识别（speech recognition），这是一种被公认的最自然便捷的交互信息交流方式。听觉交互的技术原理是将语言内容转化成语音识别信号，经过系统加工处理后反馈为语音输出方式。随着语音技术的逐步发展，尤其在智能家居产品中的语音技术得到普及应用，语音交互已经成为某些特定情境中主要的交互方式。例如，捷豹路虎推出的 Bike Sense 防剐蹭系统，当有障碍物靠近汽车时，系统会以声音、光线、振动等交互形式提醒汽车司机，包括汽车侧门门框、A柱具有感应亮光的功能，汽车内饰的音响具有特殊的声响效果，汽车司机座椅会产生振动等。儿童娱教类产品像儿童早教机器人、儿童智能音箱等都应用了语音识别技术，支持理解用户语义和语境的语音输入，从而实现人机交互。目前看来，与成人类语音交互场景不同，儿童场景存在着更多语音及语意方面的"不确定性"和"复杂性"，需要解决孩子具备的更高音阶以及不同的语言模式等问题。同时，孩子并不擅长按照机器能理解的方式与其交互，这也是设计需要特别注意的问题。对于儿童不同于成年人的语音音阶和语言模式等问题，百度智能音箱打造儿童模式时，就构建了一个集合千万级数据的儿童语音库，针对儿童的发声特点进行了专项优化，基于 6000 多个儿童数据模型和超过 30000 小时的童声语音测试，打造出儿童专属语音唤醒模型和语音交互引擎，使得音箱在与儿童进行对话时，能够提供更高的识别和唤醒的准确率、更快的反应速度以及更流畅且自然的语音交互。

儿童时期是语言发展的关键时期，儿童产品设计中的语音交互设计主要有如下步骤（图4-35）：首先尝试在儿童产品上安装录音装置获取儿童的语言信息，同时对语音特征中的关键词进行分析提取，然后与系统已存的语音模板库进行相关性匹配，当语音匹配结果出来时进行相应的语言输出，并反馈在产品载体上。自然的语音控制是儿童产品设计中语音交互的技术难点，需要在儿童做出一定的交互行为后，将信息反馈在儿童产品的载体中。儿童在对智能语音终端提出问题时常常是出其不意、前言不搭后语且犹豫反复的。针对儿童的这种语音交互特性，常常需要做更多技术层面上的优化，比如提出 free-cut（随时打断，任意唤醒）、free-ask（支持识别犹豫及停顿）以及 one-shot（一句连控，唤醒识别连续说）等技术，来提升儿童语音交互体验。

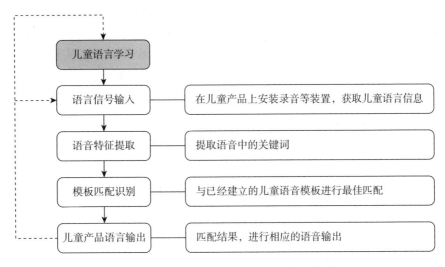

图 4-35　儿童产品语音交互设计步骤

由于儿童的注意力较为分散，语言发展能力有限，不能仅依赖语音交互吸引儿童，设计师需要同时考虑音乐、光效模拟等交互方式，比如采用卡通的声效或灯光等方式。此外，儿童的理解能力有限，语音交互过程中要放慢语音的速度和调整语调，以便于儿童认知和记忆。例如，Sphero 推出的新蜘蛛侠机器人具有语音识别功能，可以讲笑话或故事、玩游戏，是陪伴儿童成长的智能机器产品。Mailman 是无屏交互的智能玩具，通过配套的 Toymail 语音应用，把家长和儿童远程沟通场景与儿童交互的过程融合在一起。家长可以用手机上的 Toymail 应用发送语音给 Mailman 无线联网的智能产品，产品的音频过滤系统会把人声处理成可爱的动画配音，这时小朋友就可以对着 Mailman 跟家长交流了。

4. 嗅觉交互

在人类的各种感觉通道中，嗅觉功能会影响到用户的情绪行为以及感官知觉的发展。嗅觉交互是在交互式系统中很少用到的一种方式，主要是因为嗅觉还没有完全被数字化。一方面，系统如果要制造气味就必须通过向空气中释放化学物质，或是将气味封在某个容器中再释放出来；另一方面，气味很难扩散。所以对于嗅觉交互来讲，很难在不同的时候提供不同的气味。在信息交互过程中，气味作为信息交互的载体，气味信息作为输入输出的可识别信号，存在如下四组关联：嗅觉与可视化信息、嗅觉与情绪、嗅觉与行为、嗅觉与健康。新加坡国立大学尼梅莎·拉纳辛赫（Nimesha Ranasinghe）团队研发的 Vocktail，利用嗅觉的虚拟性特征进行感官交互，让人与产品交互时体验不同的味道。Vocktail 装置造型像一支马蒂尼玻璃杯，内置三种气味盒、微型空气泵等，用户可以结合自身的味觉喜好在应用程序中调整与选择各种味道。

在儿童产品设计中，嗅觉交互是较为趣味化的交互形式，增强了儿童对产品特征形象化理解的交互体验。例如，于 2008 年在中国美术馆举办的"合成时代：媒体中国 2008——国际新媒体艺术展"中，关于嗅觉体验的交互性艺术装置"闻墙"受到了大众媒体的广泛关注。经过纳米技术微胶囊包裹的各种味道被融合绘制在白墙透明涂料中，儿童触碰墙面，就会释放出各种味道。在感官交互中，嗅觉交互属于被动感受，不需要儿童通过触摸、语音与产品交流，但儿童对不同的气味十分敏感，如果能在儿童产品包装或表层加入不同类型的气味因子，会让儿童在就餐、吃药等活动时事半功倍。例如，罗荣广设计的儿童果酱包装，用 5 种儿童水果果酱作为产品包装设计元素，包装中散发的水果气味可以暗示不同的产品类型。

4.2.2 儿童产品的行为交互

行为交互是指通过动作行为来传递和表达信息的交互方式。行为交互是通过身体语言、姿势和动作来表达意图。面向儿童产品的交互系统着重研究交互产品中的行为交互，针对产品的操作方式与游戏内容，可以从儿童的行为层和心理层上进行深度挖掘，通过儿童日常行为习惯来研究肢体动作，结合儿童的心理特征设计产品。儿童天生较为好动，身体动作的交互行为能力要远强于语言的表达能力，而动作行为的交互也有利于儿童的精细动作、身体协调能力发展。儿童产品的行为交互特征总结如下。

交互步骤的简单化。儿童产品的交互行为过于复杂会增加儿童的认知负担而且降低游戏的互动效率，甚至会减少儿童游戏的兴趣。因此，交互步骤的简化是非常有必要的，比如儿童产品可以利用动作感应技术识别并分析儿童的动作姿势，从而做出相应的信息反馈，这种行为交互方式以更加简单、自然的操作动作使儿童获得沉浸式的游戏体验。在韩国的展会上出现了一个儿童输入系统，儿童可以采用更直接的交互方式输入韩文：交互行为改为直接移动元素，像搭积木一样快捷的方式；然后把会混淆的韩文字粒度再减小，例如"ㅋ"（读音：keu/geu）、"ㄱ"（读音：k/g）、"一"（读音：eu），由于"ㅋ"是后两者的相加，所以儿童可能会造成不同的认知，于是去掉"ㅋ"，把它拆开，一边学一边认识它们之间的关联。输入区域由类似于偏旁部首的元素构成，只需要点击键盘，就可以在界面中生成文字。

交互行为的自然化。选择符合儿童自然交流特征的交互行为，不仅可以降低儿童在玩耍过程中的学习负担、减少或避免操作失误，而且有利于提高交互效率、增加交互的真实感与吸引力。例如，多图少字，采用卡通图像和图标，减少儿童记忆负担，只要点开卡通人物就会出现一系列相关内容；多点触摸技术的应用，提供了一个潜在的媒介，使儿童计算机绘画行为更接近于自然，同时多个儿童可以一起触控合作游戏。因此，在儿童交互行为设计中，涉及不同产品的自然交互行为必须考虑儿童特点和喜好，采取适合的交互动作，实现有意义和有价值自然交互，否则自然交互只是一种形式而已。

交互方式的趣味化。一些十分有趣的交互方式已逐步出现在各类儿童产品设计中，促进了儿童娱教类产品交互方式的多样化、情感化和趣味化，提升了儿童使用产品的体验。微软公司 Kinect 就是采用体感游戏方式增强游戏的趣味性，交互技术原理是 Kinect 深度传感器会感应红外线范围内的动作，当儿童开始游戏时，会利用夸张动感的身体姿势及语音控制与游戏交互，这种直观、动感的交互动作调动了儿童身体的各个感官器官，使得他们的大脑处于兴奋游戏状态，情绪较为亢奋，增强了游戏的趣味性。

由于儿童行为能力发育不健全，精细动作不发达，儿童产品行为交互主要有四个过程：首先，运用声音、光效、触控器等微型传感器对儿童行为动作进行信号捕捉；其次，对所提取的行为特征进行分析（位移定位、多模式定位等）；再次，系统将其提取的行为特征与已经建立的儿童行为模板匹配相关的数据；最后，识别结果并进行内容输出，主要的输出方式包括图像、动作、语音输出等。（图 4-36）

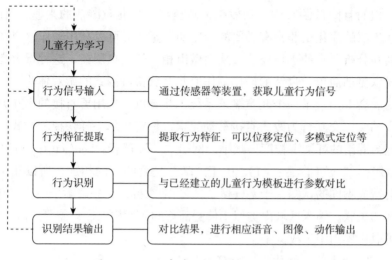

图 4-36　儿童产品行为交互的过程

在儿童产品设计中，浙江大学工业设计系叶米兰同学等设计了一款典型的行为交互型儿童产品——小鸡快跑（Run Chicken Run！），设计者让儿童模仿小鸡的走路姿势，即挥舞手臂运动，且挥得越快，小鸡跑得越快，即时体现了和产品的互动性，而非单纯的电子玩偶。同时，小米投资设计的小木智能体感积木，是一款集智能硬件、儿童动漫教育和大数据于一体的智能积木产品，采用"体感运动式"学习法，只要"摇、碰、转"三个动作即可操作，还围绕课本开发了大量陪伴式的教学和亲子游戏，让儿童在不知不觉中完成学习内容。

4.2.3　儿童产品的情感交互

情感交互是儿童游戏过程中产生的主观情绪体验。当儿童对产品感兴趣时，就会出现高兴、惊奇、满意的正面情绪体验，反之当儿童对产品失去兴趣时，就会出现失望、厌烦、疑虑等负面情绪体验。美国认知心理学家唐纳德·诺曼以人类大脑结构机能进化的三层结构（丘脑、间脑和大脑皮层）为依据，构建了"情感化设计"的理论基础。诺曼将设计划分为三个层次，从下至上分别为本能水平层（包括直观的外形、质地、颜色等）、行为水平层（包括交互行为、逻辑关系、可用性设计等）、反思水平层（包括产品的文化意义、效用、认知等）。（图 4-37）诺曼认为一个优秀的产品设计应该在这三个层面上都做到优秀。例如，来自麻省理工学院媒体实验室的 HiTV 项目，儿童可以通过游戏来释放自己的情绪：用一个含有传感器的软球去扔砸屏幕，软球可以感知用户的动作力度，从而在电视屏幕上反馈出对应的振动、摇晃等模拟效果，电视屏幕上会出现破裂的模拟图案，电视的声音效果也会受到信号干扰，使得儿童情绪得到完全的释放。在儿童产品设计中，本能层的设计应该满足儿童的感官体验，利用视觉、触觉等主要的感官交互创造所谓的知觉体验，比如产品的颜色明快活泼、造型圆润可爱；行为层的设计要求产品功能满足儿童的行为认知喜好，并使儿童在交互过程中获得成就感，比如会动、会发光、会说话的多功能儿童产品；反思层实际上是基于前两个层次作用，在儿童心中产生更深的情感，比如动画片中有趣的故事情节会让儿童产生共鸣等。

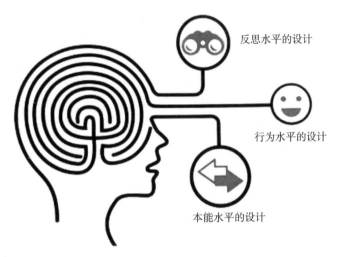

图 4-37 诺曼"情感化设计"的三个层次

儿童情感交互主要有几个过程：首先，尝试运用多种传感器等微型传感设备捕捉儿童的情感信号，情感信号的输入方式包括表情、动作、语调等，确保情感内容输入的准确性；其次，对已经输入的情感信号进行特征提取，然后与已经建立的儿童游戏情感体验进程模板匹配参数；最后，对比参数结果协助响应，对产品的状态给予最佳的调整，在儿童接受的情感范围内运用温和的方法进行交互，给予儿童最佳的游戏体验。（图 4-38）

情感化在儿童产品设计中的应用赋予产品情感的内涵，儿童在产品体验过程中能够产生情感共鸣。例如针对儿童害怕打针而设计的一种无痛注射器 Needle，针头被隐藏在圆球里，通过给孩子贴上勋章的方式打针，减少了孩子对于打针的恐惧感，增加了游戏的趣味性，让孩子开心地接受这种荣誉。Sen Toy 项目中开发的可触摸情感玩偶，操作 Sen Toy

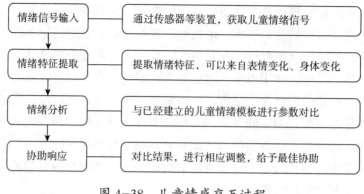

图 4-38 儿童情感交互过程

玩偶可以使它执行预先设定好的手势或动作，儿童可以修改游戏中某个角色的"表情"和行为，可以通过手势表达愤怒、惊讶、高兴和幸福等，这些手势被玩偶内部的传感器采集并传输到游戏软件中，比如悲伤是通过把玩偶向前弯曲来表达，而摇起它的手臂可以表达愤怒，游戏角色执行的动作反映出检测到的情感。

4.2.4 儿童产品的空间交互

游戏空间是一种营造游戏氛围的空间，一方面给儿童提供了游戏所需的功能设施，另一方面也满足了他们对于理想世界的想象。游戏空间交互性设计要素，主要包括游戏设施的表现形式和游戏内容设计。随着社会对儿童游戏空间的关注，儿童游戏空间成为儿童成长环境中不可或缺的一部分。例如，在综合性购物商场、小区等均出现了专门供儿童游戏玩耍的小型场所，但这类场所不仅功能单一、设计简单，还布局混乱、设施陈旧，与欧美发达国家相比存在相当大的差距。

儿童的空间交互设计主要研究儿童与游戏环境产品（设施）的互动关系，从而提高儿童游戏的参与性和体验性，增强游戏及其产品的趣味性和安全性。例如，儿童有着强烈的好奇心和对未知事物的探索心，对角色扮演非常投入，空间交互设计可以搭建沉浸式的游戏场景，不仅满足了儿童的感官游戏需求，而且增强了儿童的创新思维能力，帮助儿童发展良好的社会沟通能力。最近火爆北京的儿童主题空间——巧虎欢乐岛，以"魔法北京城"为主题，带来丰富的文化意象，以童趣的笔触展现出中国文化的博大精深，此外还设计有情景演出、互动游戏等，通过卡通主题互动设计将孩子带入真实而有趣的情境中，产生难以忘怀的游戏体验。（图 4-39）

图 4-39 巧虎欢乐岛

儿童互动性设计的游戏空间提供了参与式的感知环境。儿童是人生发展的特殊时期，对色彩、形状、尺度等感知具有特殊的需求，在设计时应该考虑符合儿童需求喜好与特点的活动空间。一是要符合儿童生理尺度的需求。儿童喜欢通过身体语言感知事物大小、尺度，了解儿童的生理尺度就可以设计出适合儿童体验的空间尺度，增强儿童自主体验游戏的兴趣和信心。例如，设计师设计建构类积木时，通过测量儿童的手指、手掌、手臂等尺寸，确定积木适宜的大小；通过对台面空间等的测量，掌握积木拼搭合理的范围尺度。二是要符合儿童的审美特点。通过前期调研发现，儿童比较喜欢鲜艳明亮的色彩，为儿童提供与主题形式内容相关的、色彩丰富的环境有利于游戏活动的开展。例如，缤纷搭配的大自然色彩、动人的声响、神奇的光效，最能吸引儿童沉浸式的产品体验。三是要符合儿童游戏的需求。在现实生活中，儿童的游戏空间普遍不能满足儿童丰富多彩的空间活动需求，如群体游戏、益智游戏、冒险型游戏等，不同游戏类型的空间需求是多样的，不仅是空间面积和游戏设施，提供可变化组合的游戏空间有利于增强儿童的游戏体验。

在儿童游戏空间交互设计的研究中，日本东京工业大学仙田满教授致力于儿童与游戏空间交互关系的设计，他的作品爱知县儿童综合中心将挑战塔、卵形中庭等建构成儿童活动、展览以及玩耍的空间，是游环构造理论中日本典型的儿童馆。（图 4-40）Hide+Seek 游戏场是设计师构建的家庭式游戏空间，主要将家具与捉迷藏游戏相结合，分别在客厅、卧室、卫生间区域对家具造型进行结构设计，既满足家具的基本功能，又满足了儿童捉迷藏与攀爬玩耍的需求，儿童在家中可以自由玩耍。（图4-41）设计师需从儿童空间需求出发，尊重儿童的生理和心理特点，真正设计出符合儿童喜好的游戏交互空间。

图 4-40 爱知县儿童综合中心

图 4-41 Hide+Seek 游戏场

4.3 儿童产品的交互设计原则

交互设计原则是关于行为、形式与内容的普遍适用法则，更具体地说，交互设计原则旨在帮助设计人员解释和改进设计中的产品交互行为、交互方式与功能等。基于实体交互的儿童产品设计需要遵循一定的交互设计原则。本章节主要基于儿童的生理与心理认知理论基础，以及儿童产品的设计实践经验，对儿童产品交互设计原则进行归类分析，将这些原则应用于儿童产品的设计工作。

为了更好地了解儿童产品的设计原则，笔者查阅了大量文献资料，梳理出现有主要的儿童产品设计原则以及相关案例，进行了进一步的访谈，本次访谈的目的是通过定量分析进一步提取出以用户需求为中心导向的儿童产品交互设计原则。

访谈对象：北京师范大学实验幼儿园回龙观校区年龄 4—7 岁儿童的家庭，共 30 组。

访谈方法：每次访谈儿童和家长构成一个家庭组，共同完成以下问卷，每组访谈时间为 10—20 分钟，记录方式为将问卷回收整理。

访谈内容：请家长和儿童共同商议，对下列儿童产品设计原则进行选择，按照 5 度量表的方式（1. 极不重要；2. 不重要；3. 不确定；4. 重要；5. 极重要）进行排序。（表 4-2）

访谈总结：通过对 30 组儿童家庭进行访谈，对每组家庭对表 4-2 中14 种交互设计原则的选择结果进行排序整理，了解到易用性原则、参与式原则、反馈性原则、安全性原则、趣味性原则是儿童和家长最为关注的五项原则，这五项原则对儿童产品交互设计具有重要的指导意义。

表 4-2　交互设计原则评测量表

交互设计原则	交互设计原则案例	重要性等级				
变化性原则	Lingokids：你愿意根据自己的年龄阶段，制定不同的学习内容和形式吗？	1	2	3	4	5
参与式原则	儿童智能手表设计：你愿意参与设计一款自己喜欢的儿童智能手表吗？	1	2	3	4	5
容错性原则	Sago：你愿意在点击按钮但没有点中的情况下多次尝试吗？	1	2	3	4	5
安全性原则	柴田文江设计的儿童用品：你愿意让孩子使用具有曲面圆角等安全属性的日用品吗？	1	2	3	4	5
趣味性原则	Petting Zoo：你愿意参与一个具有互动的音效、夸张的动画趣味性游戏吗？	1	2	3	4	5
易用性原则	儿童体温计：你愿意使用抚摸额头式的体温计吗？	1	2	3	4	5
激励性原则	Sago Mini：你愿意参与为小动物换装领取奖励的游戏吗？	1	2	3	4	5
挑战性原则	Toca Dance：你愿意挑战通过调节角色的动作来编辑舞蹈的游戏吗？	1	2	3	4	5
探索性原则	Tinybop 奇妙的机械：你愿意参与通过自由选择操作，探索不同的物理原理的游戏吗？	1	2	3	4	5
反馈性原则	Little Fox：你愿意在点击按钮时获取提示反馈吗？	1	2	3	4	5
简易符号原则	儿童电子地图：你愿意使用带有符号图画的电子地图吗？	1	2	3	4	5
双重情感化原则	迪士尼乐园米老鼠、唐老鸭形象：你喜欢迪士尼乐园的米老鼠、唐老鸭形象吗？	1	2	3	4	5
自然交互性原则	Aireal：你愿意体验具有真实体验感的游戏吗？	1	2	3	4	5
教育性原则	faceui 幼儿教育 App：你愿意参与带有趣味性的学习课程吗？	1	2	3	4	5

4.3.1　易用性原则

易用性即产品容易被用户方便和有效使用的能力，是交互设计的目标之一。在产品设计中，夏凯尔（Shackel）于 1991 年对易用性的范围解释为主要包含产品的有效性、产品的易学性、产品的适应性、产品的使用态度等，要求产品减少用户使用上的认知负荷，能为大多数人使用。目前，儿童产品的功能越来越多样化，烦琐的功能交互方式会增加操作的复杂性和误操作，实际上儿童在玩耍过程中对产品的功能结构、交互技术并不关心。因此，儿童产品交互设计应该考虑目标用户的认知行为特征、操作的复杂程度，实现良好的用户体验。

1. 儿童产品人机工程学

儿童产品人机工程学指的是儿童与产品之间的身体交互问题。儿童产品设计要让不同性别、不同家庭环境以及不同兴趣爱好的儿童都可以使用产品的各种功能进行游戏互动。在儿童产品设计中必须考虑儿童的身体尺度、感官环境、游戏内容与行为的匹配等。首先，儿童的身高、坐姿、臂长、手掌等尺度标准与成人是极大不同的，现在的儿童娱教类产品市场，多数产品尺度设计不适合儿童玩耍，只是仿照成人的产品尺寸，实际上不适合儿童抓握；其次，环境因素中色彩、视觉、声音等元素会影响儿童产品易玩程度，例如，芬兰 Passi Ripatti 工作室设计的一种玩具积木，可以通过形状和图案来辨别存放位置，每种形状对应相应的生活项目；最后，游戏内容与行为之间的匹配互动源自儿童与产品的交互，造型结构合理的产品能使儿童更快地投入游戏之中，减少认知负荷。

2. 儿童产品设计心理学

儿童产品的易用性主要是针对儿童，更注重产品的好玩、好看、有趣的体验。为了使儿童能够全身心地投入愉悦游戏体验之中，设计师必须理解儿童的认知水平、心理活动等，使儿童与产品之间的互动符合儿童认知需求。因此，设计过程中要充分考虑儿童认知特征，将不需要的设计要素进行简化，加强产品的易用性体验，从而提升儿童的学习兴趣。例如，一款适合儿童的编程机器人 COJI，采用全球化语言表情符进行编程，儿童可以通过 App 表情符编程来控制 COJI 运行，快速引导儿童进入游戏和学习状态，游戏过程中当摇晃或倾斜 COJI 时，它还会表示不满，同时儿童使用不当时有声音、视觉的提示和纠正，整个游戏学习过程不会因为任何干扰而终止，实现良好的用户体验。

3. 儿童产品语义学

儿童产品语义学主要研究儿童产品与儿童之间的信息交流，包括儿童产品的易识别性、合理的人机界面、简单的操作方法等。由于儿童阅读能力、记忆力以及理解能力发育不成熟，产品的界面图形表达不易理解，或者操作流程较为复杂，儿童容易转移注意力，出现挫败感，不愿意亲近该产品，因此在进行儿童产品设计时要考虑以下几点。第一，要考虑儿童产品的易识别性，不需要过多解释就能立即识别出来功能属性。如果提升儿童产品的易识别性，就需要灵活对产品符号进行视觉化设计，让儿童通过可视化图形直观、方便地操作，同时启发孩子的想象力与创造力。例如，一组专为儿童设计的衣物柜子，每个抽屉上有分性别、衣物类型的图案，引导孩子们可以直观方便地放取衣服。第二，要设计合理的儿童人机界面，即用易懂的交互操作过程构成儿童人机界面。一方面，儿童人机交互界面简洁易懂，可以将图形拟物化的设计与功能操作性相关联，起到醒目提示性设计效果。例如，儿童产品设计中重要的操作提醒设计非常漂亮醒目，提示儿童操作的步骤或者提示其寻求家人帮助，在整个游戏过程中能够自动引导和纠正某些不准确的操作。另一方面，儿童交互界面的控件需要与儿童产品功能相匹配，呈现易用的儿童产品人性化功能，使产品可以满足儿童的情感化需求。例如，VTech Kidizoom 儿童智能手表，功能有拍照、摄像、游戏等，满足儿童对语言、图形、数学等认知方面的需求，同时锻炼其思维能力和手脑协调能力。第三，要提供简单的操作方法，即儿童可以从产品操作面板上直接操作，不需要通过说明书加以学习说明。在儿童产品设计中，一方面，提供可被学习的交互方式，保持界面的样式具有一致性、简约性、便捷性的特征，比如儿童在不同界面相同功能的操作可以使用相同的交互方式；另一方面，优化交互流程，操作流程烦琐让儿童觉得厌烦，提供简易操作流程能够增加用户的使用黏度。第四，在一些以肢体交互为主的儿童产品中，由于儿童的身体发育尚不成熟，主要采用他们熟悉的肢体动作模仿和操作交互，如果儿童的交互行为不标准，系统可以依据标准化的数据库自动修复儿童操作的不规范行为，并以图像或语音的方式提醒，防止儿童由于心理和认知发展水平的限制，影响整个游戏过程中的满意度。

4.3.2 参与式原则

参与式设计是一种社会性行为，是一种建立在沟通、交流、合作基础上的设计过程。参与式设计要求设计者观察使用者的生活，从创造者的角度生成概念设计，一直参与到设计活动中并最终使用这些设计。在参与式设计理念的指导下，儿童产品的交互设计应该具备以下几个特征。

1. 注重具象化认知方式

具象化认知指儿童生理体验与心理状态之间强烈的联系。具象化认知强调儿童在游戏过程中扮演具体角色，儿童产品设计需要基于儿童身体经验构建设计信息，既满足儿童感官娱乐需求，又满足儿童情感化需求，使儿童与产品良性互动，让儿童拥有幸福感。例如，以生活情境体验为主题的 Wonderhood Toys 宠物广场，儿童通过模仿生活中的虚拟场景展开游戏活动，无论是带狗狗洗澡还是看病，都可以满足孩子的想象力和创造力，产品中配有的小宠物模型、仓鼠跑步轮子等配套设施，增加了产品的可玩性。

2. 设计强调过程及完成的结果

参与式设计强调儿童参与游戏过程中的感官体验互动过程是动态、可感知、可调整的，包括游戏的可塑性、多样性和变化性等。在这个过程中，设计师邀请儿童发挥主动性，创造性表达自己想法，通过拼贴图片等方式让儿童将自己的想法与感受投射到具体物品上，以视觉方式呈现出来。如图4-42所示，8位不同背景的小学三年级儿童选择喜欢的拼贴图，通过描述自己选择图片的喜好，让设计师将创意点记在便利贴上，为设计阶段提供参考。例如，乐高积木拥有良好的操作性、构建形态的多样性，让儿童在玩的过程中体会到"玩"的多种方式，开启了儿童的想象力和创造力，满足了他们的成就感。（图4-43）因此，在设计过程中邀请儿童共同参与到产品设计中，设计师深入了解儿童的世界，设计出更加适合儿童的产品。

图 4-42　儿童拼贴图　　　　图 4-43　乐高积木

3. 超越显而易见的需求

传统的设计更关注有限的物体，而现代的设计更关注交互过程的体验感，满足儿童心理的成就感。在儿童产品设计中，应该增强游戏的互动性体验与玩耍兴趣，感知儿童的游戏体验情绪，加强儿童游戏参与的成就感。例如，Siftable 演示的是一种会思考的电子积木，每块积木体积如饼干般大小，可以互相感知彼此移动，用来学习拼字游戏、算算术等，当随意拿几块带字母的 Siftable 拼在一起组成单词时，会自动在字典中查找单词，根据正确单词拼写自动改变原来摆放的字母，同时儿童可以把一些新元素添加到动画图像上，拿起 Siftable 朝着太阳投一下影，就可以把太阳添加到动画上了。设计师需要根据儿童的认知特点，通过良好的交互过程把熟悉的认知事物融入儿童产品设计中，满足儿童爱模仿、求知欲强的需求。

4.3.3 反馈性原则

反馈性原则主要是指用户与产品交互系统互动时产品发出一种提示信息，让用户了解系统的状态与进程，为用户提供下一步任务的决策依据。如果系统没有对用户的操作提供相应的反馈，就容易导致用户的重复操作甚至误操作，对整个交互体验就会产生影响。在儿童产品设计中，设计师可以采用多通道交互反馈方式，比如采用视觉、触觉、听觉等感知通道强化儿童操作的效果，对于不同类型的活动和交互作用，正确使用反馈也能够为儿童提供必要的可视化信息，比如当一个屏幕上虚拟的按键弹起时，应该配合触觉和声音的反馈。因此，合理的反馈性交互设计是儿童产品设计时需要考虑的重要原则。根据儿童认知能力较低的特征，在儿童产品设计中提供必要的信息反馈符合儿童成长阶段的游戏行为，使儿童能够更好地理解产品系统及游戏情境，让实体交互效果更加生动而丰富。设计师可以从直接操控性、及时性、关联性等入手进行儿童产品交互设计中的反馈性设计。

1. 直接操控性

交互系统的直接操控性是儿童产品设计中最重要的反馈性设计，尤其是实体与虚拟图形用户界面之间的呼应和配合，有利于直接操控交互的形成。比如儿童产品设计中带有力反馈的手柄遥控、图形界面上带有动画和声效的按钮，通过实现控件动作与视窗的动画形式一致性，可以强化界面的功能可见性。"代码游戏专家"（CODE GAMER）包括一个游戏手柄和四个传感器模块，该游戏系统采用中央控制器集成摇杆、按键等控件，控件的任意动作，图形界面都会实时动画配合，比如摇杆可以移动图形、切换画面等。控件操作反馈必须在儿童可接受的范围内，否则就会被认为无效。由于儿童的操控能力有限，所以在设计中应该选用简单直接的控件以及自然的交互方式，以降低系统时延带来的困扰和引导儿童拥有更好的用户体验。

2. 及时性

及时性可理解为产品系统的反馈速度。反馈的速度是以产品系统提供信息的响应速度来决定的。在儿童产品设计中，尽快输出反馈效应、缩短反馈循环，即使无法立即完成操作请求，也能让儿童了解当前状态。例如，Remi 是充当孩子睡眠助手的得力小伙伴，会实时显示各种和睡眠相关的提示信息：首先是变换表情，例如闹钟呈现笑脸图形意味着醒了，否则继续睡觉；其次是颜色设置，刷牙与睡觉状态的提示色设置为两种；最后还设置歌谣播放的功能，根据孩子的喜好连接手机蓝牙后便可随时播放。

3. 关联性

与儿童真实动机相关的关联性反馈，对儿童的行为决策产生影响。由于儿童的认知能力与运动能力是发育不成熟的，设计师需要理解儿童的行为动机与目标，提供合适儿童的相关反馈形式。"游戏化"的关联反馈循环是儿童群体与产品交互的一大特点，通过点数、徽章等一系列的奖励形式激励儿童用户更好地投入产品互动中。例如，美国费雪公司研发的一款儿童智能自行车，蓝牙把单车和智能应用程序匹配，骑单车时可与智能应用程序互动游戏和进行学习，比如拼写游戏中儿童骑行击中正确字母并获得相应积分反馈。（图 4-44）这类儿童智能产品在交互的过程中反馈要准确、迅速和流畅，为儿童每一步操作命令提供可靠依据，让所有操作连贯一致。

图 4-44　费雪智能单车

4.3.4 安全性原则

在儿童产品的交互设计中，作为消费者的家长最关心的便是产品的安全性、教育性问题，之所以把安全性原则放在重要位置是因为儿童的生理与心理发育尚不成熟，对危险动作的后果判断没有经验，容易受到不同程度的伤害。因此，安全性原则是儿童产品人性化设计的基础，如果无法保证儿童产品的安全性，其他的设计优点就无从提起，家长也没有购买的意愿。在儿童产品交互设计中，为了在保证安全性的基础上增强儿童产品的多通道交互体验，需要注意产品的造型、色彩、材料等外显因素以及操作行为等内显因素。

1. 造型、色彩、材料等外显因素

儿童产品外观造型在满足儿童视觉审美和需求的前提下，尽量采用圆润无尖角的形态设计，避免小的容易导致受伤或吞咽的可拆卸零部件。儿童产品的结构设计要安全、牢固，电子机械空间应该封闭不外露，产品缝隙不能让儿童的手指伸入，避免手指被缝隙夹住。例如，乐高得宝系列积木是专为 1 岁半至五岁的学龄前儿童设计的拼装积木，大颗粒是标准乐高小颗粒的两倍大，对于不擅长操控小颗粒、容易误食的低龄儿童非常适合，儿童能轻松搭建各种造型，好操控且能开发想象力。

在色彩上，随着儿童产品设计科技化的发展，出现了很多色彩斑斓、灯光炫酷的智能产品，但科技进步的同时也会产生一些负面影响，如声光污染、色彩警示等，所以在儿童产品交互设计中应该根据儿童对声音与色彩的象征意义的认知进行设计，确保产品的安全使用，特别是 LED 灯光的使用上，要保护儿童的视力，避免强光影响视力。例如，Leka 是一个多感官互动智能产品，为有自闭症的儿童提供玩耍的乐趣和教育游戏，激发自闭症儿童与社会交流沟通，提高运动、认知和情感技能，以及促进治疗。如果 Leka 智能产品被使劲丢到地上，它会伤心而变红，一个传达悲伤的相关颜色，互动式的回应，给孩子们一种安全感和内心的平静。

在材料选择上，需采用符合国家安全标准的无毒环保材料，比如新型 ABS 树脂、木质、PVC 等，尤其是部分有可能与手口接触的零件需要采用高标准食品安全级别材料。例如，Grimm's 德国手工积木彩虹，采用天然手工染色，做工非常考究，符合环保要求。

2. 操作行为等内显因素

在儿童产品设计中，优化产品的操作流程与简化产品的功能可以有效地降低儿童的误操作，引导儿童正确使用产品，从而提高儿童产品安全使用的效率。同时，在操作方式上也需要符合儿童的行为习惯与认知特征，设计合理的交互行为和安全的操作方式来引导儿童玩耍和学习，儿童可以在安全的环境中尽情地游戏互动、拓展自己的想象力，给予产品新的精神内涵与娱乐价值。例如，Magformers 公司推出的步行机器人，采用安全无毒 ABS 材质和磁力条，由于可 360 度旋转，所以没有正负极之分，通过简单的磁力扣搭就能创造出自己专属的步行机器人，实现逼真的立体 3D 模型塑造。

4.3.5 趣味性原则

趣味性的设计满足儿童的游戏需求，也是一种优秀的情感化体验设计。儿童天性比较好玩好动，容易被赋予情感内涵、充满生命力的产品吸引。儿童产品基本可以看作情趣化、情感化的代名词，趣味性是其设计需要考虑的重要方面。趣味性的儿童产品，可以增强儿童与产品的互动性，使儿童产生情感共鸣，并乐在其中。所以设计师应该深入了解儿童的审美喜好，理解他们的内心情感，不但从外观造型上，还要以可模仿操作上，传递知识和趣味。在儿童产品设计中，趣味性的形式主要采用幽默、隐喻、夸张变形等设计方法来实现。儿童还处在对事物认知理解的初级阶段，根据表象进行直觉思维和形象思维，多属于直接的感官设计。儿童产品设计主要通过以下形式产生趣味性。

1. 产品形态的趣味性

产品形态可以使儿童产生情感共鸣。儿童产品形态的趣味性是以视觉为基础，即生动活泼的形态使人产生愉悦感。例如，仿生形态是儿童产品设计中常用的，具象的仿生形态具有亲和性、自然性、可爱性的特点，更容易被儿童接受。儿童耳熟能详的卡通形象幽默有趣，赋予产品以鲜活形象。

2. 产品材质的趣味性

不同的物理材质本身蕴含着一定的情感属性，儿童身体感官交互的趣味性通过采用触觉的方式对材质进行感知来获取，比如木材给人温润的感觉、布料给人温馨亲切的感觉，依靠材料的性能和特点来传达各种信息。儿童产品设计中，为了儿童的身心健康，设计师应该选用无毒环保型材料，还可以利用特殊的材料特性来满足儿童在产品功能、趣味性方面的需求。例如，毛豆玩具模拟了真实毛豆的外形，儿童可以通过触觉挤出豆子，当手松开时豆子又会隐藏在毛豆壳中，这种简单的互动方式让儿童觉得生动有趣，符合他们的情感认知特点；Think Ink Pen 多功能新型文具，在功能上与普通的签字笔并没有区别，但其配件非常有趣，比如可弯曲的链珠、磁力笔身等，有多种造型可以搭配呈现，并满足一定的功能需求。

3. 产品使用的趣味性

设计产品使用的趣味性意味着摆脱传统的交互模式，创造新的使用方法，培养和锻炼儿童游戏过程中的认知能力。产品使用的趣味性主要分为产品使用过程的趣味性和使用方式的趣味性。

产品使用过程的趣味性主要是指儿童在玩耍的过程中与产品互动产生的趣味性行为。对于儿童来说，交互的过程往往比结果更有意义，因此，交互的环节要吸引儿童的注意力，以循序渐进的方式使儿童沉浸在产品交互的过程中，激发儿童学习的兴趣。例如，基于常见七巧板游戏的智能七巧板产品，App 提出拼接图像的任务，孩子们完成实体拼接之后，摄像头会识别拼接图像正确度并给予奖励与晋级，最后根据准确度给出得分和排名，锻炼了儿童的创造力和动手能力。

儿童不喜欢过于复杂的操作方式，当他们尝试了几次失败后，就会失去耐心，从而对该产品失去兴趣。因此，趣味性交互行为的产品更加吸引儿童，它们通过巧妙交互方式与儿童产生互动，让儿童体会到产品的趣味性。例如，由 Ha-Yeon Yoo 设计的 Origami 电视遥控器，将一种传统的游戏道具转化成实体交互载体，内置传感器等让儿童简单遥控，减少按键太多和形状呆板给儿童造成的认知负担，Origami 遥控器在交互设计展览中颇受儿童用户的青睐。简单有趣的操作方式，有助于儿童更好地投入游戏中，激发他们更多的学习欲望。

第 5 章　儿童产品交互设计案例

本章主要展示了基于实体交互的儿童产品设计实践工作，从而验证第 4 章设计模型的可行性。首先，依据第 4 章的基于实体交互的儿童产品设计流程，试图全面地研究分析儿童产品从初始调研到原型制作，为设计案例的实践奠定理论基础。其次，也是本章的重点环节，即围绕实体交互设计的用户、交互、产品三大要素，结合儿童产品设计流程进行设计分析的阐述，展示软、硬件结合的设计方案，包括产品效果图、尺寸图、包装设计，以及软件信息架构、界面设计、原型设计等细节。最后，制作实体产品的原型后，对儿童产品的软、硬件部分进行可用性测试，并对交互过程进行说明，得到儿童用户的正面反馈，从而进一步验证儿童产品交互模型的可用性，为将来扩展儿童产品设计方法找到了合理而严谨的解决方案。

5.1　设计案例一

依据本书第 3 章中面向儿童的数据采集与分析以及儿童发展研究数据平台 Kidsplay 上，总结提炼了儿童用户的生理、心理、认知、行为四方面特征数据。团队围绕目标用户学龄前儿童，设计多款智能产品，使儿童在游戏的过程中激发学习知识的兴趣，根据游戏设计的内容循序渐进地学习和识记新知识，不断提高儿童学习的积极性，同时还可以增加亲子互动和提高人际交往的能力。

5.1.1　用户要素的提取

1. 定性分析

采用文献查阅、案例研究、自然观察法等定性研究，以及基于认知卡片的儿童深度访谈，初步分析了儿童的基本认知特征。（表 5–1）

表 5-1 学龄前儿童基本认知特征

认知内容	认知水平
色彩认知	具备基本色彩辨别能力，容易被鲜艳颜色吸引
数学运算	具备数字 50 以内的运算能力
图形认知	具备具象图形的认知能力，不具备抽象符号表征的认知能力
分类排序	具备对高矮、长短、故事情节等直观对象的分类排序能力
空间认知	不具备对空间划分、立体构建的认知能力
注意力与记忆力	具备较强的短时记忆能力，注意力集中时间较短，非常容易分散

2.定量分析

依据问卷调查、儿童访谈、游戏实验等定量数据的采集分析，设计师将用户主要特征提取出来，从身体发展、心理发展、认知发展、游戏发展四个方面，分年龄段描述了用户角色的特征，尽可能通过客观的数据呈现目标人群的核心需求。（表 5-2）

表 5-2 学龄前儿童主要特征提取

年龄	身体发展	心理发展	认知发展	游戏发展
 4 岁	身高 110.5 厘米；坐姿高 91.8 厘米；臂长 40.8 厘米；手掌长 10.7 厘米，宽 5.7 厘米	游戏情感体验的专注力低，绘画、建构创造力水平低，两种创造力显著正相关	色彩 �In ▉ ▨ 图形方面喜好枪械、猫狗、花朵；材质方面喜好塑料类玩具	搭建技能 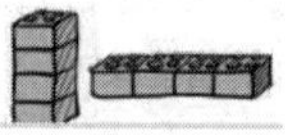 培养阅读习惯；比较偏好积木、捉迷藏
 5 岁	身高 118.3 厘米；坐姿高 93.0 厘米；臂长 43.9 厘米；手掌长 11.2 厘米，宽 5.9 厘米	游戏情感体验专注力和活跃性高于 4 岁儿童，绘画、建构创造力水平较低，两种创造力显著正相关	色彩 ▉ ▉ ▨ 图形方面喜好花朵、汽车、猫狗；材质方面喜好毛绒、金属类玩具	搭建技能 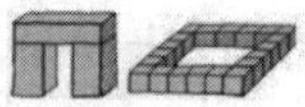 游戏主题都有涉及；比较偏好积木游戏
 6 岁	身高 122.5 厘米；坐姿高 95.7 厘米；臂长 45.0 厘米；手掌长 11.8 厘米，宽 6.1 厘米	游戏情感体验的活跃性最高，绘画、建构创造力水平显著较高，两种创造力显著正相关	色彩 ▉ ▉ ▨ 图形方面喜好枪械、汽车、几何形；材质方面喜好塑料类、金属类玩具	搭建技能  电子竞技游戏越来越受欢迎；比较偏好积木游戏

3.用户模型构建

依据提取的各年龄段用户特征，将数据构建成为用户模型的关键信息：目标、角色、行为、环境、典型活动等。这些内容使用户角色更加丰满、真实，与儿童产品设计密切相关。通过前面的用户游戏特征了解到积木是学龄前儿童最受欢迎的中性玩具，即用户模型的目标为积木游戏主题搭建。学龄前儿童搭建的技能随着年龄的增长愈发成熟，喜欢拼搭建筑类游戏主题。学龄前儿童常常在幼儿园或者在家进行游戏拼搭，喜欢和朋友分享游戏的乐趣或者竞赛互动。学龄前儿童逐渐尝试挑战高难度的建筑拼搭。（表5-3）

表5-3　学龄前儿童用户模型基本信息

目标	人口统计特征	标签	技能和知识	环境
积木游戏主题搭建	4岁，男孩，张子皓	腼腆害羞，游戏时专注力较差，不太会与人沟通	经常玩积木和捉迷藏游戏，喜欢用塑料积木搭建小汽车，但老是拼搭不好	幼儿园游戏时间，喜欢自己在建构区创意拼搭，不太合群
与朋友合作的积木游戏主题搭建	6岁，男孩，王乐乐	完美主义，游戏时较专注，喜欢和朋友分享游戏的乐趣以及竞赛互动	经常玩积木和电子游戏，会用不同材料的积木搭建主题游乐园，游戏技能水平高，可搭建三维城堡	邀请小朋友来家里玩积木，拿出自己最喜欢的消防主题系列，尝试挑战高难度建筑拼搭

用户模型基本信息完善后，根据不同场景及用户特征将用户模型分为两个角色，现将最终构建的用户模型描述如图5-1所示。用户模型一为6岁男孩王乐乐，每天都会玩游戏约4小时，喜欢邀请小伙伴丁丁来家里玩，经常玩积木和电子游戏，积木搭建水平很高，会搭三维的城堡，也渴望挑战高难度的建筑类拼搭。可是乐乐发现目前市场上传统的积木玩具都玩遍了，积木的辅助材料太少，也没有更多变化造型的积木元素，甚至连和丁丁互动比赛的积木都没有，希望可以拥有一款新的积木玩具来满足自己的需求。用户模型二为4岁男孩张子皓，每天的游戏时间约6小时，性格腼腆害羞，在幼儿园玩游戏时不太合群，喜欢自己在建构区独自玩耍，喜欢用塑料积木搭建小汽车，但自己拼搭不好。张子皓希望有图纸指导自己玩积木玩具，最讨厌积木拼插不上或者积木倒塌，

希望自己学会用积木拼搭更多造型建筑。在此将主要用户模型为王乐乐（与朋友互动合作搭积木），次要用户模型为张子皓（独自搭积木）。

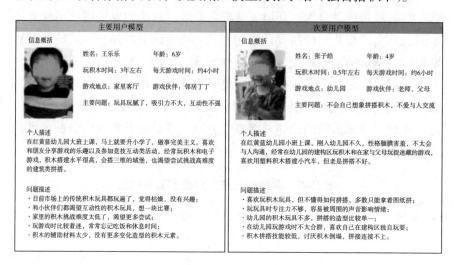

图 5-1　典型用户模型

5.1.2 交互要素的提取

1. 感官交互层面

针对学龄前儿童感官特征，感官交互要素包括触觉交互、视觉交互、听觉交互三方面。触觉交互要素包括手掌抓握积木力度，以及积木外观、尺寸、材质。图 5-2 呈现了目标用户手掌长宽与抓握力度，积木材质以儿童喜爱的塑料为主。视觉交互要素包括软、硬件设计两个方面。色彩以黄、蓝、绿、紫、红为主要颜色，如 #6ff6f7、#adf56e、# ffb5f0、#d58dff、# f0ff00、# 5b9bd5、# fb3350、# 36f185 等展现了学龄前儿童喜好的主要标准色。从产品造型上来说，学龄前儿童喜欢简单、可爱、较圆润的形态。从界面设计上来说，文字、图像、按键等相关输入信息要简单易懂、避免误操作。听觉交互可以唤起儿童的注意力，其要素包括一些特别的声效、光线等，智能积木玩具主要利用声音识别，学龄前儿童可以通过击掌或语音输入控制智能积木的音乐的开启和节奏等。

4岁

6岁

10.7cm×5.7cm

11.8cm×6.1cm

年龄	拇指—食指边长度（cm）	平均握持力（N）
4	26.5	57.9
5	31.4	71.9
6	38.3	89.3

图 5-2　学龄前儿童手掌长宽和平均握持力

2. 行为交互层面

针对学龄前儿童的游戏行为和肢体动作特征，主要从手势识别和肢体交互方式两方面，提出了智能积木玩具行为交互特征。

学龄前儿童的手部精细动作发育不完善，记忆广度不如成年人，短时记忆最多数量一般是 2—4 个。积木玩具硬件交互手势主要为抓住、握住、移动、按压积木等（图 5-3），对实体交互手势则与其大致相同。（图 5-4）学龄前儿童与 iPad 界面手势操作基于学龄前儿童的行为特征来定义，需符合学龄前儿童在现实世界的行为和认知习惯。因此，设计采用点击、拖拽、轻滑、按压等几种常见且简单的交互手势。（图 5-5）

智能积木属于益智类玩具设计范畴，大动作体感交互的行为元素不多，主要采用击掌的肢体行为，让智能积木发出预设的声音。例如，当用户站在搭建完成的积木前击掌时，积木会发出主题音乐的声音，随着击掌速度加快，智能积木音乐节奏也加快。智能积木玩具的交互技术有别于传统积木玩具，融合了光感应、声音感应、AR 等技术，积木空间模块中分布着不同的感应器，能够满足学龄前儿童更多的游戏需求。

图 5-3　学龄前儿童积木游戏中的交互手势

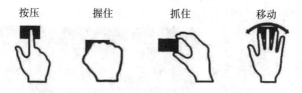

图 5-4 学龄前儿童实体硬件交互手势

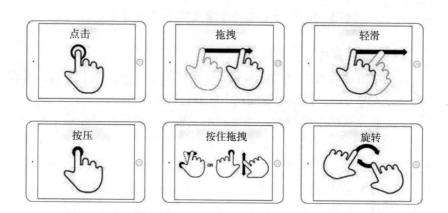

图 5-5 学龄前儿童游戏软件交互手势

3. 情感交互层面

学龄前儿童积木玩具设计应赋予积木情感内涵,让目标用户在游戏体验中能够产生情感共鸣,将符合儿童情绪体验的机制融入玩具中,加速沉浸式游戏体验。依据前文积木游戏实验观察与分析,概括出积木玩具情感化设计的六大维度和设计策略,具体见表 5-4。

表 5-4 学龄前儿童积木情感化设计维度和策略

设计维度	设计策略
积木造型的多样性	提供多种经典建筑主题造型的搭建,如伦敦塔桥、荷兰风车等
积木元素设计的美观性	积木基本模块外形设计可爱美观,如色彩鲜艳明快,以颜色区分功能模块,造型棱角圆润可爱
积木辅助元素的吸引力	运用更多的辅助材料,如图形认知卡片、积木辅助元件等,吸引目标用户并使其留下深刻的印象
积木游戏内容的分享性	提供多人互动玩耍的方式,使儿童可以与朋友一起搭建或者亲子搭建

（续表）

设计维度	设计策略
积木游戏内容的挑战性	提供多种搭建水平，包括有一定挑战难度的搭建内容，令儿童在游戏完成时更有成就感
积木游戏内容的渐进性	设计内容有进阶性，如提供搭建难易程度不同的造型，用户可由低难度继续向高难度进阶

4. 空间交互层面

在学龄前儿童玩耍积木游戏时的空间交互性方面，需要满足游戏功能的使用要求和娱乐的精神需求。依据学龄前儿童游戏空间的交互需求以及用户角色模型的描述，学龄前儿童智能积木游戏的活动空间具备的特征及其设计策略见表 5–5。

表 5–5 学龄前儿童积木空间交互特征及设计策略

空间交互特征	设计策略
积木桌面游戏尺度符合学龄前儿童的生理尺度	桌子高度为 50—55 厘米，椅子座高 28—30 厘米，适宜抓握的积木宽度约为 6 厘米
鲜艳明亮的色彩环境	幼儿园或家居环境中有大自然色彩的缤纷搭配、愉悦舒缓的音乐等，营造沉浸式游戏环境
积木多样性游戏设施和界面	利用 AR 交互技术搭配 iPad 线上线下的游戏方式，既可实体搭建，又可参与线上的游戏竞赛

5.1.3 交互硬件设计

依据前文提到的儿童产品交互设计流程，主要从功能设计、造型设计、结构设计、程序原理四个层面来展示硬件设计方案。

1. 功能设计

针对用户模型构建的两种典型用户进行的产品功能设计有：积木内置小型电池、光线和声效传感器，形成一个完整的电路；积木有多种形状的模块，既可构建立体建筑模型，也可拼成各种形态造型；积木之间通过磁力连接；积木搭配建筑图形认知卡片，辅助指导学龄前儿童锻炼空间逻辑思维；积木虚拟与现实结合，物理实体积木搭建与增强现实技术 App 积木游戏结合；积木搭建内容按难易程度划分三个等级，渐进式学习或自选适宜难度；积木搭建完成，可以 AR 扫描作品获得评分；可以 App 线上体验积木游戏。

2.造型设计

积木玩具的造型设计内容包括产品效果图绘制和外包装设计。积木由多种磁性积木和部分内置传感器积木组成，这种方式新颖创新，方便学龄前儿童拼搭，部分积木内置光线、声效传感器，增加交互趣味性。基本外观为 18 种不同形状的积木模块，搭建主题为各个国家地标性建筑，有利于锻炼学龄前儿童三维空间想象和构建能力及科普地理知识；外观尺寸便于学龄前儿童抓握，整体外观圆润光滑，以鲜艳的黄、蓝、紫、绿、红色调为基本色，便于学龄前儿童辨认。（图 5-6、图 5-7 ）。

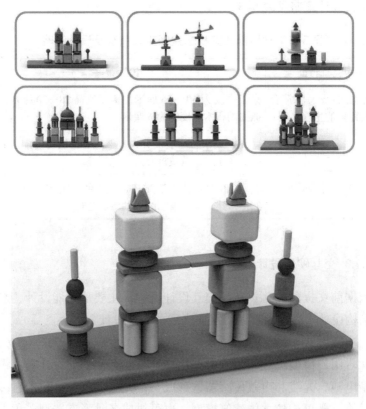

图 5-6　学龄前儿童积木设计渲染图
（资料来源：吴俊劼、陆亦柳、姚培珍绘制）

图 5-7　学龄前儿童积木产品包装设计

3. 结构设计

积木结构以简单、便于组装的拼插方式为主，由 ABS 塑料外壳、永磁体、传感器、内部电路、USB 接口组成。其中永磁体固定在 ABS 塑料内壳的六个面上，部分智能模块内置传感器，包裹电路，并留有 USB 接口等。积木模块尺寸以儿童人机工程学作为参考，18 种不同尺寸积木组件大小符合学龄前儿童手握尺寸，最小积木块尺寸为直径 30 毫米的圆球，最大积木块尺寸为边长 66 毫米的正方体。（图 5-8）

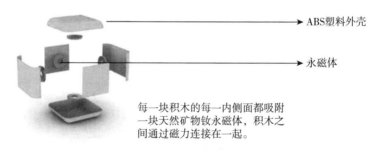

ABS塑料外壳

永磁体

每一块积木的每一内侧面都吸附一块天然矿物钕永磁体，积木之间通过磁力连接在一起。

图 5-8　学龄前儿童积木产品结构设计

（资料来源：吴俊劼、陆亦柳、姚培珍绘制）

4. 程序原理

经过与程序技术人员初步讨论，确定积木程序交互原理。（图 5-9）该系统包括 little bits 电子模块、光线传感器模组、声效传感器模组、蜂鸣器模组、电池模组等。智能积木既与 little bits 电子模块实现基础交互，也连接 micro arduino 模块与电池通电，实现与 iPad 端 App 应用操控的高级交互。目前，智能积木模块主要为大体积的正方体模块，交互的方式主要为发声与发光设计。（图 5-10）智能模块发声的交互包括电池、5V 的 micro USB 接口电源模组、按钮模组、arduino 模组、蜂鸣器模组等；智能模块发光的交互包括电池、5V 的 micro USB 接口电源模组、按钮模组、arduino 模组、LED 灯模组等。笔者将通过模型制作安装进一步完善程序设计部分。

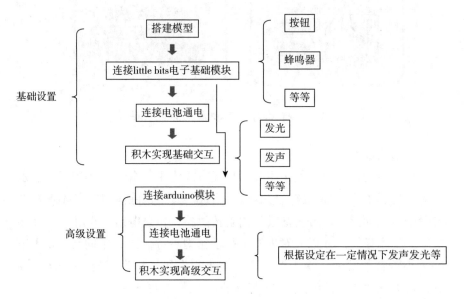

图 5-9　交互原理程序推敲（资料来源：吴俊劼、陆亦柳、姚培珍绘制）

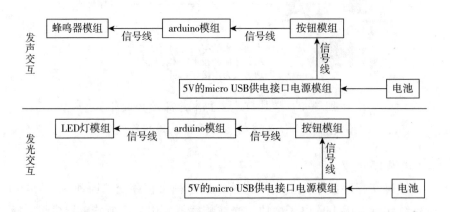

图 5-10　交互效果程序设计（资料来源：吴俊劼、陆亦柳、姚培珍绘制）

5.1.4 交互界面设计

交互界面设计主要从内容需求、信息架构、界面设计、交互原型四个层面来展示。

1. 内容需求

学龄前儿童认知水平和学习能力较低，父母也不希望他们长时间沉迷电子游戏，因此，积木游戏 App 设计不宜复杂，游戏时间不能太长。

2. 信息架构

依据前文描述的用户使用场景，将积木游戏 App 信息架构绘制如图 5-11 所示。

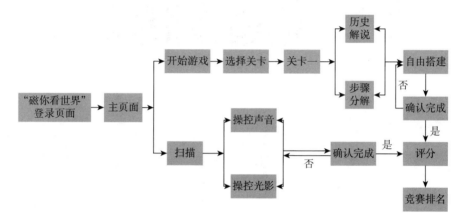

图 5-11　学龄前儿童积木 App 信息架构

3. 界面设计

学龄前儿童结合线上的虚拟游戏与现实的实体积木互动，既可以在线上闯关，搭建不同建筑主题的积木，并获得积分排名，与其他小朋友竞赛，又可以线下实体搭建积木后利用 AR 扫描数字化呈现在 App 中，获得评分及线上排名，也可以通过实体交互控制积木的发光与声效。（图 5-12）

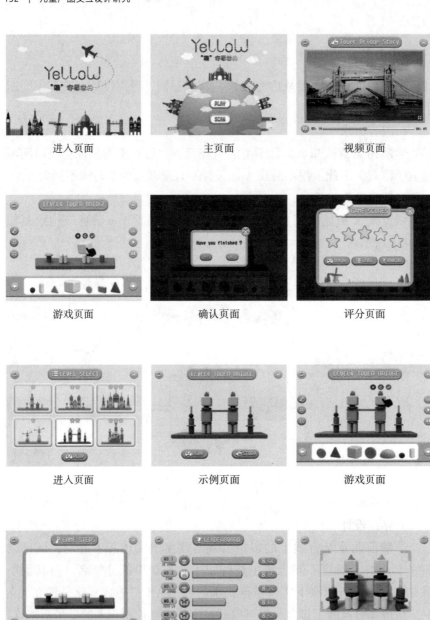

图 5-12 游戏 App 界面设计（资料来源：吴俊劼、陆亦柳、姚培珍绘制）

4. 交互原型

建筑主题认知图形卡片设计部分，有助于学龄前儿童更好地学习搭建世界经典建筑主题造型。（图 5-13）

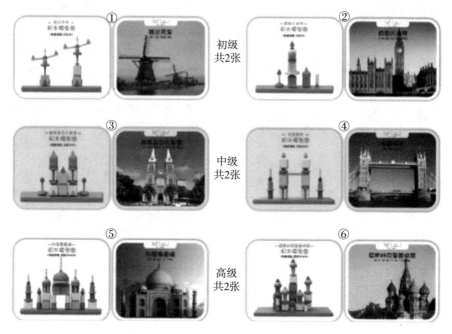

初级
共2张

中级
共2张

高级
共2张

图 5-13　配套认知图形卡片设计（资料来源：吴俊劼、陆亦柳、姚培珍绘制）

5.1.5 可用性测试

采用 3D 打印设备与 ABS 材料将渲染建模积木制作成实体模型，并喷涂上相应调和的漆料颜色。由于时间和资金的限制，本次的模型为低保真原型，主要用作学龄前儿童参与可用性测试的道具，后期会进一步制作高保真的手板模型。

测试对象：本次可用性测试邀请了 10 名 4—6 岁学龄前儿童。其中，4 岁儿童 3 名，5 岁儿童 4 名，6 岁儿童 3 名，共 3 名男生和 7 名女生。

前期准备：除了准备低保真原型积木，还准备了配套的建筑主题认知卡片、iPad 端 UI 界面设计、可用性测试问卷、摄像机、笔记本电脑等。（图 5-14）

测试过程：每次邀请一名被试在幼儿园活动室用提供的低保真原型、认知卡片、iPad 端界面进行游戏搭建。笔者在开始前向被试介绍游戏并展示参照物，邀请被试用已有材料命题搭建，全程记录 15 分钟。实验观

图 5-14　前期准备材料（资料来源：吴俊劼、陆亦柳、姚培珍提供）

察被试情绪变化、搭建技能等级、游戏时间、游戏中的问题等。搭建后对收集的数据进行整理并分析数据样本。

　　测试总结：通过设定任务的积木游戏可用性测试，笔者发现目标用户普遍对积木原型和配套的 iPad 游戏界面较为喜爱，尤其是积木的造型、色彩、尺寸等因素满意度颇高。通过对可用性测试问卷的记录和分析，将本次测试结论总结如下：①用户对积木玩具的造型、颜色都很满意，并且符合人机工程学；②用户对积木能够实现发光、发声等交互功能很喜爱，符合儿童交互操控需求；③用户对通过搭建积木来认知颜色、图形及各个国家的著名建筑很喜爱，达到寓教于乐的目的；④搭建过程需要一定的时间，能够培养用户的专注力和耐心；⑤年龄偏小的用户按照提供的认知卡片完成完整的同步搭建需要家长引导；⑥多人游戏增强游戏的互动体验，更能获得良好的游戏效果。最后，笔者也总结了本次可用性测试遇到的问题和用户的反馈意见，便于后期进一步修改方案：①建筑模型的难易程度较低，建筑模型较为单一，后期将增加模型的难度，开发多套建筑模型；②游戏主题内容单一，知识点太少，希望能从中获取更多知识，后期将开发多种主题，扩大知识面的学习；③搭建玩法单一，交互性还需增强，后期将增加多种智能模块，增强游戏的趣味性。

5.2 设计案例二

"创客"概念源自英文"maker"和"hacker"两词，特指热爱科学技术和动手制作的一类人。"创客玩具"更强调基于模块化的部件进行选择组合，构成不同功能或造型的产品，通过动手制作解决实际问题和学习各领域知识，同时强调团队协作意识、开放思想、跨学科学习、不断迭代的重要性。中国目前有 1.6 亿 K12（学前教育至高中教育）适龄人口，但是创客教育渗透率只有 1.5%，市场前景十分广阔。因此，本课题研究意义在于利用信息化教学手段，帮助儿童轻松掌握多种知识技能与创新协作能力，打破现有产品形式，为儿童提供更丰富的学习方式和体验，激发儿童的学习兴趣，满足多层次的情感化需求。

5.2.1 前期调研

1. 现有创客玩教具产品的功能形态与特点

首先，笔者对国内外现有创客教育玩教具产品现状进行了调查研究并进行了归纳分析，详细内容见表 5-6。现有产品按形态主要分为以下几类。

（1）积木式拼装玩具。特点是需要大量小而简单的模块进行组合，形式多样，颜色丰富，可自由发挥创造的空间极大，同时难度也最高，儿童在使用时会运用到大量机械、编程、电子知识等，如 KOOV、乐高 EV3 等。

（2）独立机器人玩具。这类玩具不能或只能小范围改变玩具本身的形态功能，其中编程的方式分为两类：一种是实体化编程，即通过一些玩具模块拼接替代编程语句，如 Matatalab、Cubetto 等；另一种是通过连接智能设备，通过 App 图形化编程进行控制，如 Root。

（3）使用诸如纸板等材料制作模块对已有玩具进行扩展，以低成本实现更多功能。同时，模块安装过程增加了儿童体验乐趣，纸板材料使得玩具个性化涂装成为可能，如 Nintendo Labo 和 Makeblock Neuron。

2. 现有创客教育课程的内容与形式

目前国内兴起了诸多创客教育机构，为进一步了解当前创客教育的内容形式，笔者走访了北京某青少年创客教育课堂，学习人群为小学低年级学生，通过行为观察法对创客教学内容进行了记录分析。（图 5-15）主要的教学流程包括：①播放课件视频，展示课程需要使用的乐高积木

表 5-6　竞品分析

产品名称	概述	教学内容和目的	优势特点
KOOV	使用透明彩色塑料模块，组合成动物、交通工具、生活用品等形态，通过编程实现互功	创造力，动手能力	积木可以沿上下左右前后六方向连续拼接，也可以斜向拼接
LEGO	拼搭机器人，同上	空间造型，机械结构，编程	多种模块，强化机械结构多种传动传感器，拟人造型
Nintendo Labo	Switch 游戏主机外置套件，将视频游戏实体化，增加乐趣	动手能力	以纸板＋橡皮筋为主材，在使用组装中充满乐趣，成了 Switch 的增值产品
Tinkamo	拼搭可编程机器人	机械结构，编程、技术在生活中的扩展应用	兼容 LEGO，改进 App 交互，采用电池组连接方式实现可视化编程
Root	可编程机器人，机器人可搭载画笔，实现编程绘画（适应全年龄段）	编程，绘图	磁吸表面通过编程移动，绘画擦除，扫描颜色，播放音乐，检测凹凸磁性，感知光等，具有多级难度编程界面
Matatalab	面向学龄儿童手动编程机器人，实体模块＋视觉识别实现简化编程，控制其移动，播放音乐，画画，在图版平面游戏	编程，亲子游戏，认知能力	实体图形化编程，简单、易于理解，结合图版游戏，可画画，播放音乐
Cubetto	3—6 岁儿童编程教学，通过实体模块编程，控制小机器人	编程	实体化编程，结合图版游戏
Mabot	拼搭机器人	创造力，编程	独特球形模组拼搭，可玩性高、可行性多，兼容 LEGO，支持热插拔和多角度拼插
Algobrix	5—13 岁，实体编程模块驱动的机器小车	编程	实体化编程，加入更多可能和复杂度，兼容 LEGO
Airblock	编程模块化无人机	编程，动手能力	可实现水、陆、空多种模式
Makeblock Neuron	编程电子套件，可加装纸板玩具作为扩展	编程，动手能力	提供探索者和发明家工具包可拓展套件，能发挥儿童无限创意

和EV3控制模块，搭建一只可以行走、摇尾巴、躲避障碍的龙形机器人；②介绍课程所使用的原理，运用的知识是偏心轮原理，通过电机控制偏心轮使"龙"的尾巴可以左右摇摆；③学生进行初步搭建，先搭建一辆小车，再加入龙尾巴形态，所需模块包括距离传感器、两个大型电机和一个中型电机、控制主机；④教师教授学生使用图形化编程软件为机器人编程，并实现最终效果。

图 5-15　创客课堂观察

笔者经过创客课堂观察发现了一些问题，总结如下：①积木零件拼接过程中会出现碰撞干扰关系，儿童不能自己解决这类问题，例如乐高模块之间使用圆柱形插销固定，至少需要两个点才能将一个重物固定在车上，而儿童不理解，需要老师协助；②乐高积木以"乐高单位"（8毫米）作为搭建模数，使得不同形状积木皆可组合在一起，但其中一名儿童出现半个单位的情况，使得搭建无法继续，要重新开始；③儿童喜欢根据自己的兴趣进行造型变换，尤其喜欢对称的造型，比如搭建一对翅膀，两侧形状、颜色都必须一致，会持续在玩具箱中寻找合适的积木；④儿童喜欢随手搭建自己喜欢的东西，即使课堂的主要内容还没有完成，例如某儿童在课上顺便搭建一个陀螺，并观察旋转时的状态；⑤这个阶段的儿童还不能自主搭建简单机械结构，每个儿童都需要在老师的指导下完成偏心轮结构的搭建。

5.2.2 用户需求分析

1. 目标人群的认知能力和行为特点

目标人群是6—9岁小学中低年级学生。目标群体对户外活动较感兴趣，可以掌握更特殊的体育活动，参加更有挑战的活动，喜欢嬉戏和冒险，能够理解游戏中的规则，甚至可以增加规则使游戏更复杂。他们懂得使用策略来应对难题，比如下象棋、跳棋等，同时可以通过精确控制肌肉来完成任务，比如绘画和写字时可以把握细节。目标人群可以运用逻辑解决问题，或者对事物进行组织和选择。对于拼装类玩具他们可以操作更为细小的部件（小于 2.5 毫米），并建造更复杂的结构（多于 100 块积木），可以使用带有机械结构的物品，如轴承、杠杆、滑轮、中等力度的法条等。目标群体对具有主题性的玩具更为喜爱，如电影或动画人物相关的产品。

2. 目标人群对于玩具的偏好

为进一步了解使用人群的特点，以指导设计实践，使产品能更好地满足用户的需求，笔者通过调研问卷分析儿童对于玩具的喜好，共收回有效问卷 41 份，其中男孩问卷 21 份，女孩问卷 20 份。统计结果如下：①关于使用玩具的场景 73% 的受访者喜欢与伙伴一起玩，说明更多儿童喜欢参与多人互动游戏，同时，只有 15% 的人喜欢与父母玩游戏，说明父母在儿童成长中的参与度还有待提高；②不同性别目标人群喜欢的玩具类型不同，男孩主要集中于车辆类、机械感比较强的玩具，而女孩更倾向于造型形象感强的玩具；③不同性别目标人群的颜色喜好不同，超过 50% 的女孩选择粉色，60% 的男孩选择蓝色，这两种颜色性别选择性过强，所以不会在之后的设计中大面积采用，而应使用较为中性的颜色，从而使产品受众面更广；④形象偏好方面，卡通人物同时被男孩和女孩喜爱，男孩更喜欢交通工具，女孩对动物形象的喜爱要高于男孩；⑤材质偏好方面，男孩更喜爱金属玩具，而女孩更喜爱毛绒玩具，这两种材质表现出强烈性别取向，木头和塑料更能被男孩和女孩共同接受；⑥对于功能，男孩希望拥有可变形的玩具，而女孩对造型和声音更感兴趣。

3. 目标人群对于玩具的潜在需求分析

通过以上调研，分析总结出以下几点潜在需求。

儿童希望拥有功能更多、变化更丰富的玩具。这可以体现在颜色、形状、声音、连接方式、操控方式等各个方面。形式上摆脱现有的拼接类玩具，能给儿童带来更多新鲜感。

情感化要素要更多地体现在创客教育玩具中。当前同类产品更多注重技术层面的问题而忽视了玩的过程。儿童需要更多形象化、故事性的玩具，这样可以挖掘儿童多方面的思维能力，使理性与感性思维能够并用。

儿童喜爱与伙伴们一起玩耍。这也能提高儿童的社交与合作能力，既可以独立思考完成目标，又能与他人分享和竞技。另外，如果产品提供家庭成员参与性，将更受家长们的欢迎，能促进亲子间的良性沟通。

5.2.3 创客教育产品设计实践

1. 产品构思

依据前面的调研分析以及多次的设计迭代，最终设计了一个小机器人主机，并在此基础上增加了扩展模块。扩展模块包括四种长度的连杆、球形接头、电机、连接线、轴、三种平板模块。扩展模块可以与主机相连形成一个新造型，比如爬行机器人，也可以将扩展模块独立使用，用于构建各种场景，如城堡、吊桥、迷宫等。小机器人可以依靠底部小轮自行移动，并与搭建的场景发生互动，如通过机身上的传感器自动避障、识别颜色并做出反应等。（图 5-16）

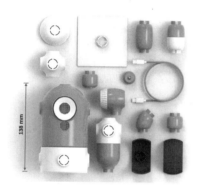
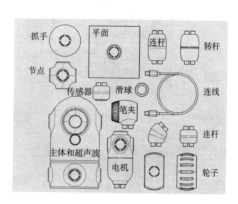

图 5-16　产品基本模块

在色彩方面，选取了橙色作为主色调，因为单纯的橙色给人以希望、活力、快乐等印象。同时加入白色和灰色，一是为了不影响主色调，二是为了区分不同功能模块，比如连杆和转杆形状相同但功能不同，为了区分两者，转杆两头使用不同颜色。另外，所有凸插头部分使用橙色，凹插头则使用白色，使得拼装时两种色彩可以相隔出现，这样组合的视觉效果更好。（图 5-17）

图 5-17　产品组合形态

　　产品的主要使用方式分为两种。一种是组合后可以直接遥控，使机器人做出各种动作。另一种是使用图形编程软件对其进行控制，使其可以自动根据环境做出反应，同时适合多种使用情景，可多人或单人游戏。例如，多人时可以竞速或进行搬运比赛等，单人时可以学习编程，并赋予机器人自动避障或识别物体的能力，也可以根据 App 中给出的拼搭说明进行搭建，然后通过遥控或编程控制。（图 5-18）

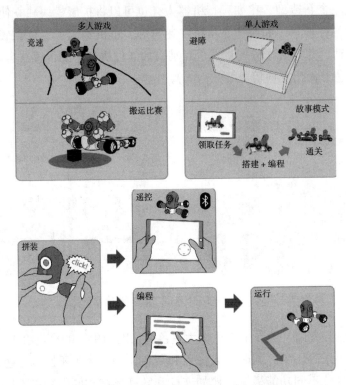

图 5-18　使用方式和游戏玩法

　　2. 原型制作

　　在最终方案确定之后，对接口的结构进行了改进，使用两个弹簧片增强模块连接的强度和手感，并使用 3D 打印技术和 PLA 材料制作了草模以验证尺度关系是否符合儿童手持的大小以及结构是否稳定。通过制作草模，验证其结构可行性之后，制作了高保真原型机。该原型机外壳使用光敏树脂材料，硬件基于 Arduino 开源电子平台，应用了超声距离传感器、红外传感器、LED 模块、电机驱动模块等，并使用 Arduino 语言实现了部分预想功能，如 LED 点亮、距离感应、寻线传感、电机驱动、红外遥控等。（图 5-19）

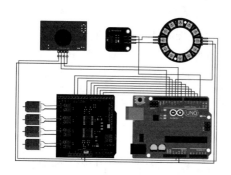

图 5-19　硬件连接图和程序代码

3. 界面设计

根据预先设想的使用方式和模块本身的特点，设计了 App 交互原型。（图 5-20）为了降低使用者的学习成本，信息架构较浅。同时采用了功能"适时出现"的原则将编程功能隐藏在按钮的编辑菜单中，确保功能只在合适的时机和地点出现。App 主要分为三大块内容。第一部分是直接遥控，使用者可以组装好玩具后直接使用默认配置控制玩具，主要是为了快速进入操作界面。第二部分是搭建指南，用户可以快速学习已知的几种搭建方法，并开始游戏。指南中包含说明和步骤图，同时附带短视频，更加直观地讲解搭建方法。第三部分是最重要的编程模式，

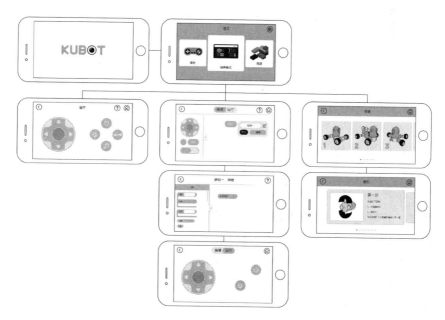

图 5-20　App 使用流程

编程模式允许用户自定义操作面板，将摇杆和按钮放入编辑器中，选择要编辑的按钮元件，然后进入可视化编程界面，对每个按键独立编程，这给予了儿童更多的创造空间。自动避障、自动寻线、自定义动作等都需要通过编程功能来实现，编程也是这款玩具的核心玩法，既可以个人学习编程使用，也可以多人共同竞技，实现了玩与学习的结合。

5.2.4 结论与未来工作

本研究课题对创客教育领域进行了深入研究，指出当前创客教育玩具的问题并提出设计解决方案。通过设计实践提出的创新设计点如下：①拼搭构成方式的创新，通过"主机器人+扩展模块"的方式实现多种拼搭可能性，并使产品的形象更具情感化、亲和力特征；②在模块化设计上，用一种模数统一了所有模块，实现了三轴向的连续拼插，通过复用模块的方式（如轮子可以与电机结合，也可以与轴结合）减少了模块的种类，设计了通用的模块接口，不需要额外的连接线；③在游戏方式上可以单人玩耍（如避障、寻线、故事情节等），也支持多人合作或竞技（如搬运货物、竞速比赛、格斗等），产品未来还可以扩展多种模块，每增加一种模块就会产生更多玩法。

面向创客教育的玩教具是新兴的研究领域，还有许多功能、设计机会点值得研究。目前的设计实践成果在下一步工作中还需要进行如下改进：①模块连接结构的稳定性和易用性还需改进，如果增加模块数量，需考虑如何支撑起整个结构，连接处的精度也需要调整；②产品批量生产需考虑电气接口设计，电气接口需要实现任意角度的拼接，同时留有足够的触点实现模块间通信；③由于测试条件受限，未来将进一步邀请多个适龄儿童进行相关任务的可用性测试，从而进行设计迭代。

5.3 设计案例三

在我国，0—14岁自闭症儿童患者超200万人，目前自闭症儿童的康复、教育还存在着资源缺乏等问题。玩具对于自闭症儿童来说，在他们的生活中扮演着重要的角色。研究者选取的对象为6—12岁轻度自闭症儿童，他们存在社会交往障碍，具备一定语言沟通能力。通过玩具来辅助自闭症患儿进行治疗干预，区别于药物和食物的疗法，采用心理陪伴式与行为干预的疗法。

5.3.1 用户要素的提取

1. 定性分析

本案主要采用文献查阅、自然观察法、游戏行为实验等定性研究的方法，调研分析了 21 名轻度自闭症儿童的特征（图 5-21），同时初步总结了轻度自闭症儿童的基本认知特征：①自闭症儿童生理年龄与心理年龄差距较大，存在智力发育迟缓的问题；②自闭症儿童对绘画、数字、音乐等较为敏感；③自闭症儿童兴趣喜好单一，同时也喜好鲜艳的颜色；④自闭症儿童专注于自己的行为，精细的手部动作会对孩子造成压力，很难完成；⑤自闭症儿童更加擅长视觉思维，喜欢并擅长图形相关的领域。

图 5-21　自闭症儿童定性调研

2. 定量分析

在定性分析的基础上，依据家长访谈、游戏行为实验等定量数据的采集分析，研究自闭症儿童对于颜色、图形、玩具的喜好，分析总结如下：①自闭症儿童喜欢明度比较高的鲜艳颜色，比如黄色、绿色、红色等；②自闭症儿童喜欢的产品外形较为简单，会偏向圆形、球状、抽象几何的造型；③自闭症儿童喜欢用重复性动作和语言进行游戏活动；④自闭症儿童不适合操作含有较多小零件的产品；⑤缺乏自闭症儿童与父母之间沟通的媒介及适合亲子的产品。

3. 用户模型构建

依据提取的轻度自闭症儿童基本特征，将用户模型的主要表现总结如下：①语言发育障碍，比如自言自语和对话能力缺陷，对语言的感受与表达运用能力均存在某种程度的障碍；②动作重复与行为刻板，强迫性地重复一些行为和词句，有固定的偏好和行为，不能接受变化；③兴趣狭隘，对常规的玩具与游戏缺乏互动兴趣，而对一些生活物品比较感兴趣，例如车轮、瓶盖等旋转的物体等；④人际交往障碍，缺乏与人主动交往的能力，模仿能力较弱，未能掌握社交技巧，缺乏合作能力。

最终构建的用户模型为 8 岁男孩张小磊，其患有轻度自闭症，具备一定的语言能力，但存在社交障碍。他每天都会去康复教育学校进行训练，很少有父母的陪伴，需要特殊的教育辅助产品满足教育需求。他对球有着特殊的喜爱，喜欢各式各样的球，喜欢单调重复地触摸、按压不同材质的球类，对于机械动作的记忆能力较强，情绪不稳定的时候会大喊大叫，希望通过玩具疏导自己的负面情绪。同时，父母也希望更多地了解孩子每天的训练情况，即时地参与到孩子的康复治疗之中。

5.3.2 交互要素的提取

1. 感官交互层面

自闭症儿童的感官交互主要为触觉交互、视觉交互两大类。触觉交互体现在儿童用手抓握、挤压各种不同类型和材质的玩具。（图 5-22）结合自闭症儿童的特征，玩具材质以弹性较大的材料为主，表面采用不同肌理的处理，增强他们的感官认知。视觉交互体现在软、硬件设计两个方面，硬件以黄、绿、紫、红为主要颜色，用灯光变化吸引儿童注意力，与触觉反馈相结合。

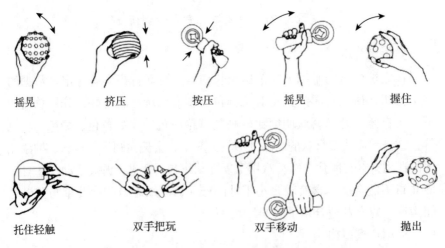

| 摇晃 | 挤压 | 按压 | 摇晃 | 握住 |

| 托住轻触 | 双手把玩 | 双手移动 | 抛出 |

图 5-22 自闭症儿童的触觉交互方式

2. 行为交互层面

针对自闭症儿童的智力水平和肢体动作特征，提出了硬件交互手势，主要为抓握、挤压、摇晃、抛掷等。自闭症儿童的操作符合他们的现实世界行为。挤压的肢体行为能让智能玩具发出预设的声音，摇晃的肢体行为会让智能玩具发散出不同的灯光，不同的传感模块分布在不同的玩教具中，能够满足自闭症儿童的游戏需求。

3. 情感交互层面

情感化设计将符合儿童情绪体验的设计元素注入产品设计中，加速沉浸式游戏体验。依据前文的自然观察与分析，概括出智能产品情感化设计的几个策略：①当自闭症儿童情绪不稳定的时候，希望玩具可以提供疏导儿童负面情绪的发泄方式，比如不同形状、不同颜色的玩具，儿童可以通过行为交互的方式与玩具互动，产生音乐、灯光等，舒缓儿童暴躁的情绪；②父母希望通过移动终端更多地了解孩子每天的训练情况，即时地参与到孩子的康复治疗之中；③提供在家也可以使用的交互终端硬件，让父母与孩子更好地交流与互动。

4. 空间交互层面

依据自闭症儿童游戏空间的交互需求以及用户角色模型的描述，总结出自闭症儿童智能玩具空间交互设计的几个策略：①为自闭症儿童提供温馨舒适的色彩环境，起到安抚儿童情绪的效果，如康复中心或家居环境中较为温暖的色彩搭配、愉悦舒缓的音乐等，为儿童营造沉浸式的游戏环境；②玩具游戏设备应具备多样性，设计师应创造符合自闭症儿童游戏特点的多样性游戏设施，目标用户既可以有多种玩具独自玩耍，又可以与父母进行亲子游戏互动。

5.3.3　交互硬件设计

依据前文提到的儿童产品设计流程，从功能设计、造型设计、结构设计等层面展示设计方案。

1. 功能设计

基于前面构建的用户模型，智能玩具的产品功能总结如下：①全套智能玩具包括五个独立玩具和一个交互终端硬件；②五个玩具有多种形状和不同色彩，有的内置光线传感器，利用灯光变化来进行触觉反馈，有的内置声音传感器，将音乐设置在玩具中传达听觉反馈；③玩具受力超过正常数值时，就会将数据预警传输给 App 移动终端；④一个交互终端硬件可与玩具数据关联，可通过语音、屏幕图像进行动作学习并反馈给儿童；⑤全套玩具可供多人共同玩耍，产生不同的灯光和声音的反馈，促进亲子互动。

2.造型设计

如图 5-23 所示，全套玩具由一个交互硬件终端和五个内置传感器的玩具组成，这种组合方式新颖灵活，更方便自闭症儿童操作，交互硬件终端有屏幕和蜂鸣器，增加交互趣味性和可学习性。玩具外观材料柔韧耐磨，表面具有多种触点肌理，便于自闭症儿童挤压、抓握以及触摸，配色以鲜艳的黄、紫、绿、红色调为主，便于自闭症儿童视觉感知。交互硬件终端外观圆润可爱，造型简洁，交互操作简单。

图 5-23　自闭症儿童玩具产品效果图（资料来源：金昱芩、高叶绘制）

3.结构设计

玩具套装结构以简单、便于组装的螺旋拧开方式为主，主要材料为 ABS 塑料和橡胶，主要零部件包括扬声器、LED 灯、压力传感器、灯带、LED 显示屏等。五个玩具的橡胶材质半开结构的空间中，分别内置了压力传感器、扬声器、LED 灯、微型电路板等。玩具尺寸以 6—12 岁儿童手部可抓握平均尺寸作为参考来设计，分别为直径 75 毫米、90 毫米、80 毫米的圆球，直径 60 毫米的多边形圆球，以及高 125 毫米、直径 25 毫米的圆柱体，同时，交互硬件终端为直径 150 毫米的球体。（图 5-24、图 5-25）

4.原型制作

依据前文的设计方案，设计师采用 3D 打印等技术，将各个零部件手工组装起来，同时将手机 LED 屏幕内置于交互终端硬件，将外罩、半球体逐步装配成整体。（图 5-26）

图 5-24   自闭症儿童玩具产品结构设计（资料来源：金昱岑、高叶绘制）

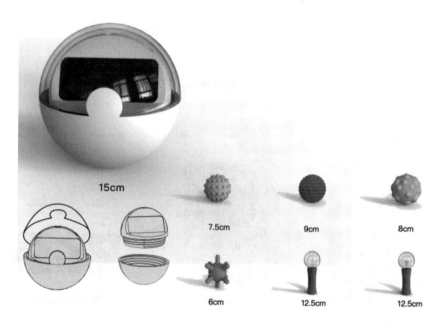

图 5-25   自闭症儿童玩具产品尺寸设计（资料来源：金昱岑、高叶绘制）

图 5-26　自闭症儿童玩具产品原型制作（资料来源：金昱岑、高叶提供）

5.3.4 交互界面设计

交互界面设计主要针对父母使用的移动终端"Real Me"来进行。

1. 内容需求

针对自闭症儿童患有社交障碍及情绪应激反应较突出的特征，父母可以远程监测孩子的情绪状态，从而更多地理解孩子的变化。

2. 界面设计

"Real Me"移动终端界面结合线下实体玩具互动，当自闭症儿童情绪发生较大的波动，玩具感受到较大压力值时，手机 App 会接收到紧急消息提醒，以此让父母密切关注自己孩子的情绪变化；儿童使用实体产品时，App 会将儿童的玩耍记录同步到数据库中进行分析，父母依据数据反馈了解孩子阶段性情绪变化。同时，父母可以在 App 中设置力度、音乐播放、简单训练课程等，也可以为孩子录制语音，加强和孩子的沟通。（图 5-27、图 5-28）

紧急消息提醒界面　　　　　数据监测界面　　　　　自定义设置界面

图 5-27　"Real Me" App 核心界面设计（资料来源：金昱岑、高叶绘制）

图 5-28 "Real Me" App 界面设计细节（资料来源：金昱岑、高叶绘制）

5.4 设计案例四

本课题设计小组同学通过走访学龄前儿童家庭发现大多数学龄前儿童家中都有大量的玩具，而儿童玩具的收纳常常让家长感到头疼。儿童的收纳好习惯应该从小培养，而富有趣味的收纳引导方式不仅会让儿童轻松学会整理自己的玩具、各种小物件，还能从中获得快乐的体验。目前，儿童市场上的玩具收纳产品尚不能满足儿童主动收纳、趣味互动的需求，本案例的研究意义在于解决儿童收纳方面的问题。

5.4.1 用户要素的提取

1. 定性分析

本案主要以文献查阅、用户访谈、竞品分析等定性研究方法，调研分析了北京 21 世纪国际学校幼儿园 20 名 3—6 岁儿童，观察儿童在游戏过程中和结束后的收纳情况。3—6 岁儿童收纳相关的现状初步总结如下：①学龄前儿童拥有的玩具种类多，各类型玩具都有；②学龄前儿童经常会寻找自己喜欢的目标玩具；③学龄前儿童很少有自主玩具收纳习惯；④学龄前儿童经常找不到或丢失玩具；⑤学龄前儿童的玩具收纳箱只是个容器；⑥学龄前儿童常因不收纳玩具被批评教育。

2. 定量分析

在定性分析基础上，依据问卷调研、家长访谈等定量数据采集，分析学龄前儿童以及家长对玩具的摆放方式、收纳习惯等，最后将定量调研总结如下：①学龄前儿童存在对玩具随意摆放的问题，易使玩具丢失；②经常是家长帮助学龄前儿童收纳玩具，增加了家长负担；③学龄前儿童多数还没有养成独自收纳和寻找玩具的习惯；④家长采用多种奖励机制方式引导儿童养成良好的习惯；⑤玩具的收纳箱造型倾向立体封闭式的形态；⑥家长选择儿童收纳产品时会考虑儿童的个人喜好。

3. 用户模型构建

通过调研掌握了学龄前儿童的收纳需求，将用户主要行为通过用户旅程图梳理，总结出用户的问题点为：①玩具过多，难以管理；②儿童没有收拾玩具的习惯；③儿童随玩随放，家长频繁收拾；④玩具随意散落，容易引发安全隐患。家长的期望需求点主要为：①过多的玩具需要一个收纳箱；②避免因玩具零件弄丢而重复购买；③儿童养成独立收纳的习惯；④需要有趣味性和实用性相结合的收纳箱。

用户模型基本的需求明确后，将用户模型设定为 5 岁男孩嘟嘟，他性格活泼开朗，喜欢给自己的各个玩具取名字。嘟嘟家中的玩具类型和数量很多，经常不能迅速找到自己想玩的玩具，并经常为此哭闹，也因为情绪影响而暴力扔丢玩具。嘟嘟虽然喜欢和小朋友一起玩耍，但是往往专注于自己的玩具，并经常为了玩具的归属与小朋友发生争抢。

5.4.2 交互要素的提取

1. 感官交互层面

通过提取目标儿童感官特征及产品的特性，从触觉、听觉、视觉交互等方面着手。例如触觉交互体现在儿童会抓握、投掷不同材质的玩具，结合前面案例中对学龄前儿童抓握方式与强力的分析，了解到儿童抓握的力度、尺寸；通过统计儿童常见玩具的尺寸，测算箱体的尺寸约为 50 厘米×40 厘米×40 厘米，投放口的尺寸约为 40 厘米×23 厘米。听觉交互上为了引导儿童自主收纳，当儿童投放时，收纳箱会发出各种动物的声音，吸引儿童尝试投掷。视觉交互方面，产品以鲜明色彩的卡通元素组合，通过互动光线变化吸引儿童，并与听觉反馈相结合。

2. 行为交互层面

针对学龄前儿童玩具互动行为特征，归纳了交互手势为抓握、抛掷、移动等，操作的行为特征符合儿童的日常生活习惯。当儿童投掷玩具到收纳箱时，智能玩具收纳箱会发出预设声音，智能收纳箱内的传感器感应到玩具被放入的方式，例如嘟嘟将玩完的玩具投入收纳箱时，玩具收纳箱会发出咔嚓咔的声音，箱体卡通造型也会有拟物灯闪烁，这让儿童感到非常有趣。（图 5-29）

图 5-29 学龄前儿童实体硬件交互行为

3. 情感交互层面

情感化设计是将符合儿童情绪体验的元素融入收纳箱设计中，培养儿童良好的收纳习惯。依据前文与家长的访谈以及儿童问卷的调查，总结了智能收纳箱情感化设计原则：一方面，智能收纳箱要能培养儿童良好的收纳习惯以及能科学管控儿童的游戏时间，例如智能收纳箱友好的互动方式吸引了儿童自觉收纳，限制游戏时间，定时提醒玩具收纳等；另一方面，智能收纳箱要将家务劳动与游戏趣味结合起来，例如通过发光、发声来进行交互行为反馈。此外，通过玩具收纳的行为养成也让父母与子女更好地交流互动，加强亲子交流。

4. 空间交互层面

依据学龄前儿童家居空间的布局以及用户角色模型的设定，智能玩具收纳产品在空间交互层面应具备如下特征：①玩具收纳产品能合理利用儿童玩具的摆放空间，同时能够有序分类存放，例如，采用多组合叠加箱体的设计，既节省玩具的摆放空间，又可以将相同类别的玩具统一分类；②玩具收纳产品作为家居小家具，需考虑与家居设计环境整体搭配协调，设计师应创造符合儿童游戏认知行为的多样性玩具收纳产品，在鼓励儿童收纳玩具的同时可以加强亲子互动。

5.4.3 交互硬件设计

依据前面章节提到的儿童玩具设计流程，主要从造型设计、功能设计、结构设计等层面来展示产品硬件设计方案。

1. 功能设计

基于前面构建的用户模型，智能玩具收纳产品功能总结如下：①整组产品收纳箱设计包括多个组合方便、快捷的独立智能箱体；②每个箱体造型和色彩设计多样化，内置声音和灯光传感器，收纳时产生可视化的交互反馈；③家长端移动应用可对多个箱体进行设置分类，辅助儿童完成玩具的分类收纳；④家长移动应用可设置游戏时长以及录制提醒内容，智能化管控游戏时间；⑤家长移动应用可了解儿童每天收纳情况，以及统计和分析以周或月为时间单位的收纳数据，通过可视化的反馈了解并鼓励儿童养成收纳习惯。

2. 造型设计

如图 5-30 所示的玩具收纳产品效果图中，全套组合箱体由多个内置传感器的箱子组成，这种方式灵活多变，更便于节省家居玩具的收纳空间。交互硬件内置灯光和蜂鸣器，增加收纳时的趣味性和互动性。玩具收纳箱的外观材料采用较轻便、光滑的 ABS 材质，便于儿童投掷、摆放以及触摸，配色以鲜艳的黄、粉、蓝色调为主，兼顾与家居环境色调和谐。硬件箱体棱角圆润可爱，造型简洁，易于简单交互操作。

3. 硬件交互原理

玩具收纳套装结构以简单、便于组装的拼插方式为主，主要材料为 ABS 塑料和橡胶，主要零部件包括扬声器、压力传感器、灯带、声音传感器等。玩具箱体底部分别内置了压力传感器、扬声器、LED 灯、微型电路板等。箱体尺寸以 3—5 岁儿童手臂长度平均尺寸作为参考来设计，尺寸为 50 厘米 ×40 厘米 ×40 厘米，投放口的尺寸约为 40 厘米 ×23 厘米。（图 5-31）

4. 原型制作

依据前文的设计方案，设计师利用硬瓦楞纸切割技术，将玩具箱体部件手工组装起来，同时将传感设备内置于箱体中，并且将外壳贴上打印的渲染图效果贴纸。

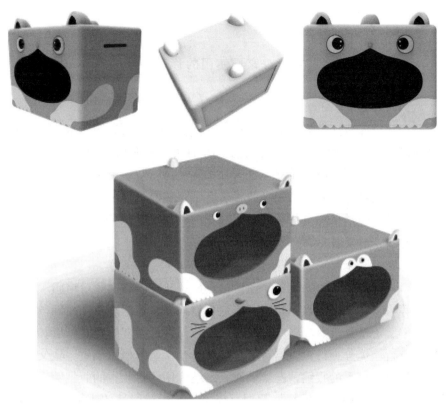

图 5-30 儿童玩具收纳产品效果图

（资料来源：卢国旗、刘丹彤、周游、张磊、黎志荣、郑栋向绘制）

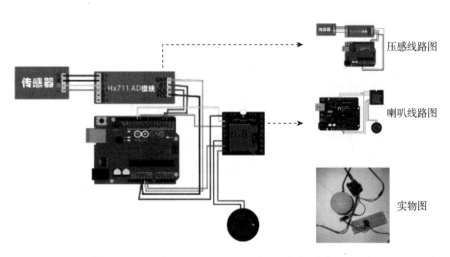

图 5-31 儿童玩具收纳产品交互硬件传感器（资料来源：卢国旗绘制）

5.4.4 交互界面设计

交互界面设计主要针对家长使用的移动终端App"Yummay"来进行。

1. 内容需求

交互界面设计的内容需求有如下几点：①为了引导儿童尽早养成收纳物品的良好习惯，父母可以设置游戏时长及录制提醒的个性化声音，定时提醒儿童开始收纳玩具；②对多个箱子进行分类设置，辅助儿童完成各种玩具的分类收纳；③随时查看儿童每天收纳情况的数据图表，以及周或月的收纳情况分析，通过可视化的数据反馈，了解并鼓励儿童养成良好的收纳习惯。

2. 界面设计

"Yummay"移动应用界面设计首页显示儿童收纳次数、电量、好友排名等可视化数据图表，数据分析包含以周、月、汇总三个时间段收纳的频率、重量分析等。用户可以通过App对智能游戏时长进行管控，还可以进行箱体分类设置、语音音量调节、个人基本信息设置，让父母可以了解自己孩子的收纳情况。同时，终端应用会将儿童的收纳数据同步到大数据检测中，最后根据数据反馈了解孩子阶段性的收纳习惯变化。（图5-32、图5-33）

图5-32 "Yummay" App 登录界面设计

（资料来源：卢国旗、刘丹彤、周游、张磊、黎志荣绘制）

图 5-33 "Yummay"App 主要界面设计

（资料来源：卢国旗、刘丹彤、周游、张磊、黎志荣绘制）

5.5 设计案例五

本课题设计小组关注国学文化教育。随着《汉字听写大会》的热播，国学教育越来越被家长重视，家长逐渐意识到国学对孩子的行为习惯、品德培养有重要意义。目前，学校非常注重朗背诵诗词，却忽视传统国学经典的民俗、艺术、古文知识，尤其是古文的学习形式单一枯燥，对国学的理解不够深入。因此，本案例的研究目的是采用信息化方式加强对传统经典文化的学习与认识。

5.5.1 用户要素的提取

1. 定性分析

本案主要采用用户访谈法、用户体验旅程图、竞品分析等定性研究的方法，调研分析了 7—9 岁小学生 10 名、国学教育机构 2 家、学校 1 所等，全面了解不同对象在国学教育认知、现有国学教育的形式、国学教育行业等方面的痛点以及学生对国学古诗的理解程度。同时，初步总结了 7—9 岁初学国学的儿童所面临的问题：①学习的方式枯燥单一，孩子们难以理解背诵；②学习时的专注力不够，经常被其他有趣的事物吸引；③只是简单的死记硬背，并不能理解国学内容的含义；④不会积极主动地去背诵，必须要在老师和家长的监督下进行；⑤国学教育的智能产品太少，没有更多的方法引导孩子记忆理解；⑥家长很少与孩子一起学习，大多都是考察孩子的默写水平。

2. 定量分析

在定性分析基础上，依据问卷调研等定量数据采集分析，了解少儿国学教育的重视程度，对国学教育知识学习及教学方向等进行调研分析，总结如下：①家长看重国学学习氛围，应该让孩子有沉浸式学习氛围；②传统国学学习与新型信息化教学相结合，融会贯通；③国学教学需要创新的教学方式，使教学能够多元化、趣味化；④适当结合故事、图像、音频的方式，培养孩子的理解力和表达力。

3. 用户模型构建

依据前期的定性和定量分析，了解到少儿学习国学的普遍问题，将用户的国学学习行为通过用户体验旅程图进行分析梳理。（图5-34）

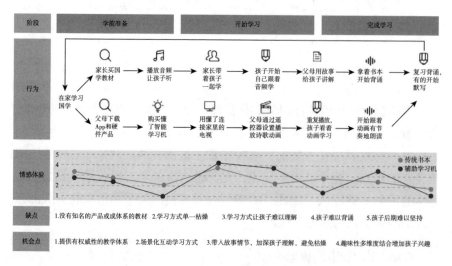

图 5-34　国学学习用户旅程体验图

用户模型基本需求明确后，用户模型为7岁男孩小茗，性格调皮好动，喜欢跟同学一起玩智能玩具。小茗平时在老师的督查下背诵古诗词，在家里妈妈也给小茗买了卡片和智能国学机学习国学，小茗边听边看，但还是有很多不理解且背不下来的诗词，就不想背也不愿意用。

5.5.2 交互要素的提取

1. 感官交互层面

通过提取7—9岁儿童感官特征及产品的特性，主要从触觉、听觉、视觉交互等方面着手。在触觉交互方面，设计线上和线下结合的学习方式，例如线下用贴纸进行古诗词场景搭建，线上利用触摸交互屏读故事以及背诵故事。在听觉交互方面，鼓励儿童更加投入国学学习，增加智能语音交互学习模式，可以跟读与背诵学习古诗词，并对学习效果进行评分。在视觉交互方面，儿童可以抄写默写诗词，并通过线下互动拼图的游戏搭建场景，使用 AR 扫描生成数字图像，与触觉交互相结合。

2.行为交互层面

行为交互主要从手势交互方面考虑，针对线上和线下手势交互特征，提出了实体交互的手势，其与儿童拼接贴纸的行为相贴合。线上触屏交互的手势主要包括单击、拖拽等简单易用的方式，例如让儿童从触屏界面中单击选择诗词中所提到的景物，单击选择跟读或背诵的模式，通过 AR 扫描后拖拽界面中的场景元素进行交互等，实现自己创作的趣味互动方式。（图 5-35）

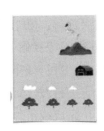  

线下贴纸 --------▶ 进行场景创作搭建 -----▶ 扫描搭建场景进行识别互动

图 5-35 儿童搭建场景与 AR 结合的交互行为

3.情感交互层面

关注国学教育的情感化设计，对于激发儿童的学习兴趣、增进父母与孩子的亲子关系非常重要。依据前文对儿童、家长的访谈以及儿童问卷的调查，概括出儿童智能国学机情感化设计的几个策略：①通过游戏互动的形式将枯燥的国学故事内容提炼成趣味化的实体交互教具，带来全新的娱乐学习互动体验，比如用诗词内容相符的原创插画实体贴纸提升游戏的互动性，支持 AR 扫描创作贴纸实现三维虚拟场景等；②家长需要了解孩子学习情况，鼓励孩子持续性的学习，比如移动终端可上传孩子的学习信息、分享文字与音频作业，并给予孩子对应的奖励等；③通过在线学习分享的方式可以认识志趣相投的朋友，加强学习交流。

4.空间交互层面

依据目标用户的国学学习环境分析以及用户角色模型描述，总结出儿童智能国学机的空间设计具备以下特征：①智能国学机学习桌面的适宜尺度需符合学龄儿童的生理尺度，例如，7—9岁儿童平均身高范围为120—131厘米，适宜的桌面高度约为50厘米；②国学学习教具应具有多样性，将前沿的技术与传统的教学模式结合，增加国学内容的趣味性，例如，通过AR技术实现实体搭建场景的数字化游戏界面，设计符合用户认知的趣味化界面；③为儿童提供安静温馨的学习环境，提高儿童学习的专注力，例如，学校或家居环境中保持素雅、朴实的色彩环境，静谧的学习氛围等，为学龄儿童营造沉浸式的学习环境。

5.5.3 交互硬件设计

依据前面章节提到的儿童产品设计流程，主要从功能设计、造型设计、结构设计等层面来展示硬件设计方案。

1. 功能设计

基于前面构建的用户模型，智能国学机的功能总结如下：①预习模式——从界面图画中选择诗词提到的事物，进行互动，加深理解；②学习模式——通过触屏与语音交互的方式，让儿童对故事进行阅读理解；③复习模式——根据上一关学习正确率为儿童匹配教学难度，进行线下诗词跟读和背诵；④打分模式——对儿童跟读和背诵的作业进行教学评估打分；⑤娱乐模式——通过线下互动拼贴各种画面场景，完成线下作品并分享给好友；⑥娱乐模式——通过线下互动拼图游戏搭建场景，帮助儿童理解诗词并AR扫描至线上互动；⑦奖励模式——将儿童的音频和文字作品上传到移动终端，给予相应的奖励并关注儿童的学习情况。（图5-36）

图 5-36 智能国学机的使用场景

（资料来源：吴仕楠、刘瑞雪、王旭、姜一蕾、马玉良、刘宝柱绘制）

2. 造型设计

智能国学机"嘟嘟熊"全套产品由国学机、玩具教具（贴纸）、移动终端 App 组成。"嘟嘟熊"国学机产品的造型采用国宝"熊猫"元素与其文化特征吻合，配色以素雅的白、黑、蓝色调为主，提炼熊猫特征的同时兼顾与学习环境适宜的色调，拟物化的设计圆润可爱，深受儿童们的喜爱。产品材料采用较轻便光滑的 ABS 材质和电容式触摸屏，便于儿童携带以及多种手势交互行为等。（图 5-37）

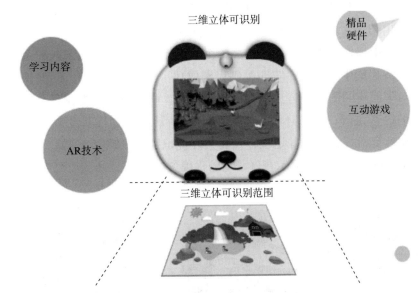

图 5-37　智能国学机效果图

（资料来源：吴仕楠、刘瑞雪、王旭、姜一蕾、马玉良、刘宝柱绘制）

3. 硬件交互原理

"嘟嘟熊"智能国学机将 AR 技术融入传统的教学模式中，创造趣味性的学习过程，激发儿童无意识的记忆，比书本记忆更为持久。课题提出"硬件＋软件""虚拟＋现实"的设计理念，回归桌面纸面的体验，提供配合不同应用场景使用的道具贴纸、软件 App 以及国学机产品。国学机硬件零部件主要包括触控面板（LED 背光）、摄像头、主板、主板排线、相机排线、NADA Flash、电池、喇叭、WiFi、蓝牙等组成。儿童可以根据国学机提供的古诗词主题，按自己的想象用贴纸在画纸上创作，呈现出相关古诗词主题的平面场景图形。摄像头捕捉到画纸上的信息，从图像中提取特征点，然后生成一个数据库文件，识别引擎匹配图像信息和特征集中的数据，若匹配则识别成功。结合 AR 技术、图像识别技术对平面化的图像进行三维立体效果展示，同时搭配历史背景、逸闻趣事的语音讲解，儿童还可以与屏幕中的场景图像进行互动。（图 5-38）基于计算机视觉的跟踪定位，在真实环境识别与三维交互跟踪等关键技术中将虚拟信息实时显示在屏幕上的正确方位。

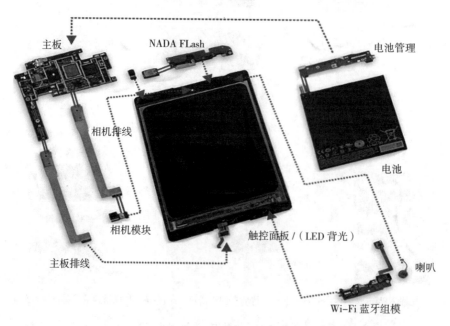

图 5-38　智能国学机交互硬件传感器（资料来源：吴仕楠绘制）

4. 原型制作

依据前文的设计方案，设计师采用 3D 打印喷漆以及 AR Unity 等技术，将智能国学机外壳与 iPad 内嵌组装起来，将电路板内置于国学机中，最终得到原型制作模型。

5.5.4　交互界面设计

移动终端交互界面设计主要针对国学机和家长使用的移动终端App"嘟嘟熊"来进行。

1. 内容需求

国学机首页主要包括故事亭、诗词阁、经典诵读三个版块，点击右上角的排行榜可以查看学习成绩、奖励勋章以及好友排名。其中故事亭模块包含每日一则和热门排行两部分内容，每日一则为系统自动推送的内容，热门排行包含多种分类查询方式，例如成语故事、启蒙故事、寓言故事、科学故事、睡前故事等；诗词阁模块包含每日一首、热门排行、诗词必备三部分内容，每日一首为系统自动推送，热门排行包含各种名家分类的查询方式，诗词必备包含相应级别的经典诗词推荐；经典诵读模块包含《弟子规》《三字经》《千字文》三大类。此外，移动终端App主要内容是让家长了解孩子的学习和记忆情况。

2. 信息架构

依据前文对内容需求的描述，对"嘟嘟熊"国学机展开信息架构。

3. 界面设计

"嘟嘟熊"国学机主要界面包括古诗测试、古诗填空、古诗寻找、经典诵读等，用户使用触屏方式控制界面。（图5-39）界面主色调中，深蓝色（#5588e2）代表智慧，而浅蓝色（#63d0fb）则代表童真、明亮、干净；辅助色选用橘色、紫色和奶白色等暖色系。中文字体选用方正苏新诗卵石简体，颜色选用灰色（#333333 和 #666666）等。移动终端App"嘟嘟熊"界面设计的功能是查看孩子的学习情况，快速了解孩子知识点的掌握，同时可以分享及与其朋友互动竞赛。（图5-40）

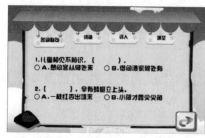

古诗测试

古诗填空

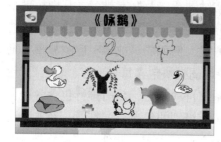

古诗寻找

经典诵读

图 5-39 "嘟嘟熊"界面设计

（资料来源：吴仕楠、刘瑞雪、王旭、姜一蕾、马玉良、刘宝柱绘制）

图 5-40 "嘟嘟熊"移动端界面设计

（资料来源：吴仕楠、刘瑞雪、王旭、姜一蕾、马玉良、刘宝柱绘制）

参考文献

外文文献

[1]A. Dix, J. Finlay, G. Abowd, R. Beale, *Human–Computer Interaction*, Publishing House of Electronics Industry Press, 2003.

[2]Alessio Gava, "On the Definition of Observation As Justified True Perception", *Sao Paulo: Scientie Studia*, 2015, Vol. 123, p. 41.

[3]Anna Newley, Hasan Deniz, Erdogan Kaya, Ezgi Yesilyurt, "Engaging Elementary and Middle School Students in Robotics Through Hummingbird Kit with Snap! Visual Programming Language", *Journal of Learning and Teaching in Digital Age*, 2016, Vol. 1, No. 2, pp. 20–26.

[4]A. S. Joh, L. A. Spivey., "Colorful Success, Preschoolers' Use of Perceptual Color Cues to Solve a Spatial Reasoning Problem", *Journal of Experimental Child Psychology*, 2012, Vol. 113, No. 4, pp. 523–534.

[5]Benyon David, Turner Phil, Turner Susan, *Design Interactive System*, Addison–Wesley Press, 2005.

[6]Carlos Otero, *Software Engineering Design: Theory and Practice*, CRC Press, 2012.

[7]C. H. Tsai, J. C. Yen, "The Augmented Reality Application of Multimedia Technology in Aquatic Organisms Instruction", *Journal of Software Engineering & Applications*, 2014, Vol. 7, No. 9, pp. 745–755.

[8]Dan O'Sullivan, Tom Igoe, *Physical Computing*, Thomson Press, 2004.

[9]E. Varga, P. M. Pattynama, A. Freudenthal, "Manipulation of Mental Models of Anatomy in Interventional Radiology and Its Consequences for Design of Human Computer Interaction", *Springer–Verlag*, 2013, Vol.15, No.4, pp. 457–473.

[10]F. Cassola, L. Morgado, F. D. Carvalho, H. Paredes, B. Fonseca,

"Online-Gym: A 3D Virtual Gymnasium Using Kinect Interaction", *Procedia Technology*, 2014, 13, pp. 130-138.

[11]F. Khaet, A. Alfilmtsev, "The Extended Model of Goals, Operators, Methods and Selection Rules, No. GOMS) for Gesture Interfaces", *Central & Eastern European Software Engineering Conference in Russia*, 2017, pp. 1-9.

[12]F. Ying, M. Ye, P. Zhu, Z. He, L. Yao, "Run Chicken Run: Physical Metaphor Augmented Wearable Movement-Based Interaction", *Uist*, 2014.

[13]F. P. Miller, A. F. Vandome, J. Mcbrewster, *MIT Media Lab*, Alphascript Publishing, 2010.

[14]George Kalmpourtzis, Lazaros Vrysis, George Ketsiakidis, "The Role of Adults in Giving and Receiving Feedback for Game Design Sessions with Students of the Early Childhood", *Interactive Mobile Communication Technologies and Learning*, 2017, pp. 266-275.

[15]Gitte Lindgaard, Avi Parush, *Utility and Experience in the Evolution of Usability*, Springer-Verlag London Limited Press, 2008.

[16]Hyun Eunja, Yoon Hyunmin, "Design Preference & Consumer Trend of Younger Children's Parent for Smart Animal Toy", *The Journal of the Korea Contents Association*, 2015, Vol. 15, No. 9, pp. 72-83.

[17]J. Wan, D. Wan, W. Luo, X. Wan, "Research on Explicit and Tacit Knowledge Interaction in Software Process Improvement Project", *Journal of Software Engineering & Applications*, 2011, Vol. 4, No. 6, pp. 335-344.

[18]Janice J. Beaty, *Observing Development of the Young Child*, Pearson Education US Press, 2008.

[19]Jeff Sauro, James R. Lewis, "Quantifying the User Experience: Practical Statistics for User Research", *Quantifying the User Experience*, 2012, Vol. 60, No.2, pp. 291-295.

[20]Johng Nicholls, A. Robert Martin, Paul A. Fuchs, David A. Brown, Mathew E. Diamond, David A., *Weisblat: From Neuron to Brain*, Sinauer Associates Inc., U.S Press, 2011.

[21]K. Bongard-Blanchy, C. Bouchard, "Dimensions and Mechanisms of User Experience-From the Product Design Perspective", *Human-Computer*

Interaction, 2014.

[22]L. Humphries, S. Mcdonald, "Emotion Faces: the Design and Evaluation of a Game for Preschool Children", *Chi 11 Extended Abstracts on Human Factors in Computing Systems*, 2011, pp. 1453–1458.

[23]L. Sherrell, *Waterfall Model*, Springer Netherlands Press, 2013.

[24]M. Rofouei, A. Wilson, A. J. Brush, S. Tansley, "Your Phone or Mine? Fusing Body, Touch and Device Sensing for Multi–User Device–Display Interaction", *Sigchi Conference on Human Factors in Computing Systems*, 2012, pp. 1915–1918.

[25]Markus Funk, O. Korn, A. Schmidt, "An Augmented Workplace for Enabling User–Defined Tangibles", *Extended Abstracts of the Acm Conference on Human Factors in Computing Systems*, 2014, pp. 1285–1290.

[26]M. G. Pan, "The Human–Computer Interaction Design in Intelligent Toy for Children", *Packaging Engineering*, 2014, Vol. 35, No.8, pp. 70–73.

[27]N. Freed, W. Burleson, H. Raffle, R. Ballagas, N. Newman, "User Interfaces for Tangible Characters: Can Children Connect Remotely Through Toy Perspectives ?", *International Conference on Interaction Design & Children*, 2010, pp. 69–78.

[28]N. Ranasinghe, T. N. T. Nguyen, Y. Liangkun, L. Y. Lin, D. Tolley, "Vocktail: A Virtual Cocktail for Pairing Digital Taste, Smell and Color Sensations", *ACM on Multimedia Conference*, 2017, pp. 1139–1147.

[29]P. Trigueiros, F. Ribeiro, L. P. Reis, "Hand Gesture Recognition for Human Computer Interaction: A Comparative Study of Different Image Features", *Springer Berlin Heidelberg*, 2013, Vol. 449, pp. 162–178.

[30]S. Bampatzia, A. Antoniou, G. Lepouras, E. Roumelioti, V. Bravou, "Comparing Game Input Modalities: A Study for the Evaluation of Player Experience By Measuring Emotional State and Game Usability", *IEEE International Conference on Research Challenges in Information Science*, 2015, pp. 218–227.

[31]S. Follmer, D. Leithinger, A. Olwal, A. Hogge, H. Ishii, "Inform: Dynamic Physical Affordances and Constraints Through Shape and Object Actuation", *Acm Symposium on User Interface Software & Technology*, 2013, pp. 417–426.

［32］S. Tyagi, X. Cai, K. Yang, "Product Life-Cycle Cost Estimation: A Focus on the Multi-Generation Manufacturing-Based Product", *Research in Engineering Design*, 2015, Vol. 26, No. 3, pp. 277-288.

［33］X. Y. Wang, D. M. Yang, "Fusion of LEGO Robot Education and Experience Teaching", *Education Teaching Forum*, 2017, Vol. 24.

［34］X. Zhou, D. Li, L. Larsen, "Using Web-Based Participatory Mapping to Investigate Children's Perceptions and the Spatial Distribution of Outdoor Play Places", *Environment & Behavior*, 2015, Vol. 48, No. 7.

［35］Z. Lv, L. Feng, H. Li, S. Feng, "Hand-Free Motion Interaction on Google Glass", *Siggraph Asia Mobile Graphics & Interactive Application*, 2014, p. 1.

外文译著

［1］［加］丹尼尔·威格多、［美］丹尼斯·威克森：《自然用户界面设计》，季罡译，人民邮电出版社 2012 年版。

［2］［美］丹·奥沙利文：《交互式系统原理与设计》，张瑞萍等译，清华大学出版社 2006 年版。

［3］［美］杰西·詹姆斯·加勒特：《用户体验要素：以用户为中心的产品设计（原书第 2 版）》，范晓燕译，机械工业出版社 2011 年版。

［4］［美］特雷沃万·戈尔普，伊迪·亚当斯：《情感与设计》，于娟娟译，人民邮电出版社 2014 年版。

［5］［美］阿兰·库珀：《About Face 4：交互设计精髓》，倪卫国、刘松涛、杭敏、薛菲译，电子工业出版社 2015 年版。

［6］［美］霍华德·加德纳：《多元智能》，沈致隆译，新华出版社 1999 年版。

［7］［美］金在温、查尔斯·W. 米勒：《因子分析：统计方法与应用问题》，叶华译，格致出版社 2016 年版。

［8］［美］唐纳德·诺曼：《情感化设计》，付秋芳等译，电子工业出版社 2005 年版。

［9］［美］唐纳德·诺曼：《未来产品的设计》，刘松涛译，电子工业出版社 2009 年版。

［10］［日］樽本徹也：《用户体验与可用性测试》，陈啸译，人民邮电出版社 2015 年版。

[11][以] 阿维·法利赛：《交互系统新概念设计：用户绩效和用户体验设计准则》，侯文军等译，机械工业出版社 2017 年版。

中文文献

[1]陈根编著：《交互设计及经典案例点评》，化学工业出版社 2016 年版。

[2]陈帼眉主编：《幼儿心理学》，北京师范大学出版社 1999 年版。

[3]戴力农主编：《设计调研》，电子工业出版社 2014 年版。

[4]单美贤：《人机交互设计》，电子工业出版社 2016 年版。

[5]丁海东编著：《学前游戏论》，山东人民出版社 2001 年版。

[6]董士海、王衡：《人机交互》，北京大学出版社 2004 年版。

[7]方富熹、方格、林佩芬编著：《幼儿认知发展与教育》，北京师范大学出版社 2003 年版。

[8]华爱华：《幼儿游戏理论》，上海教育出版社 1998 年版。

[9]蒋晓主编：《产品交互设计基础》，清华大学出版社 2016 年版。

[10]李世国、顾振宇编著：《交互设计》，中国水利水电出版社 2016 年版。

[11]李四达编著：《交互与服务设计——创新实践二十课》，清华大学出版社 2017 年版。

[12]刘焱：《儿童游戏通论》，北京师范大学出版社 2004 年版。

[13]罗仕鉴、应放天、李佃军：《儿童产品设计》，机械工业出版社 2011 年版。

[14]罗仕鉴、朱上上编著：《用户体验与产品创新设计》，机械工业出版社 2010 年版。

[15]徐尔贵等编著：《Visual Basic 6.0 教程》，电子工业出版社 2001 年版。

[16]由芳、王建民、肖静如编著：《交互设计：设计思维与实践》，电子工业出版社 2017 年版。

[17]张奇主编：《SPSS for Window 在心理学与教育学中的应用》，北京大学出版社 2009 年版。

[18]Edouard–Thomas LARGILLIER、马钧、徐雯霞：《基于层次分析过程（AHP）的汽车人机交互界面（HMI）逻辑框架的分析及设计》，《汽车实用技术》2013 年第 9 期。

[19] 陈海:《人机交互界面的可用性研究》,《中国标准化》2013 年第 3 期。

[20] 陈铭、李上官、李春晓、冯凯勤、吕建华:《基于嗅觉体验的家具产品创新设计与实证探索》,《包装工程》2016 年第 4 期。

[21] 龚江涛、谭斯瑞、徐迎庆:《面向儿童的交互创作系统 Paper Jeemo 设计研究》,《装饰》2015 年第 6 期。

[22] 郝凝辉、鲁晓波:《实体交互界面设计的方法思辨》,《装饰》2014 年第 2 期。

[23] 王智宁、高放、叶新凤:《创造力研究述评:概念、测量方法和影响因素》,《中国矿业大学学报(自然科学版)》2016 年第 1 期。

[24] 吴兆卿、饶培伦:《触觉交互——一种新兴的交互技术》,《人类工效学》2006 年第 1 期。

[25] 辛向阳:《交互设计:从物理逻辑到行为逻辑》,《装饰》2015 年第 1 期。

[26] 张芳兰、贾晨茜:《基于用户需求分类与重要度评价的产品创新方法研究》,《包装工程》2017 年第 16 期。

[27] 路璐、田丰、戴国忠、王宏安:《融合触、听、视觉的多通道认知和交互模型研究》,《计算机辅助设计与图形学学报》2014 年第 4 期。